Étoiles

Titre original : *Star, from birth to black hole*

Réalisation de l'édition française :
ML Éditions, Paris, sous la direction de Michel Langrognet.
Traduction : Sylvie Deraime
Édition : Anne Papazoglou-Obermeister
Correction : Marie-Pierre Le Faucheur

Illustrations : Dr Mark Garlick, Steven Hobbs, Peter Bull Art Studio, KJA-artists (Roger Stewart)

Dépôt légal : mars 2011

ISBN : 978-2-215-10704-0

MDS : 591367

Loi n° 49-956 du 16 juillet 1949 sur les publications destinées à la jeunesse.

Imprimé en Chine par Toppan Leefung Printing Limited
Le papier utilisé pour fabriquer ce livre provient de bois de forêts en gestion durable. Il répond aux critères du système de management environnemental ISO 14001:2004.

L'auteur

Alan Dyer est l'un des plus célèbres astronomes canadiens. Il est l'auteur de plusieurs livres pour la jeunesse, dont *Mission Lune* et *L'Espace*. Il a également contribué à un guide complet pour les astronomes amateurs, publié en anglais. Il écrit pour des magazines anglophones spécialisés et a conçu de nombreux spectacles pour les planétariums canadiens. Il aime aller observer les éclipses totales de Soleil dans les régions les plus isolées de la planète et photographier le ciel nocturne. L'astéroïde 78434 porte son nom.

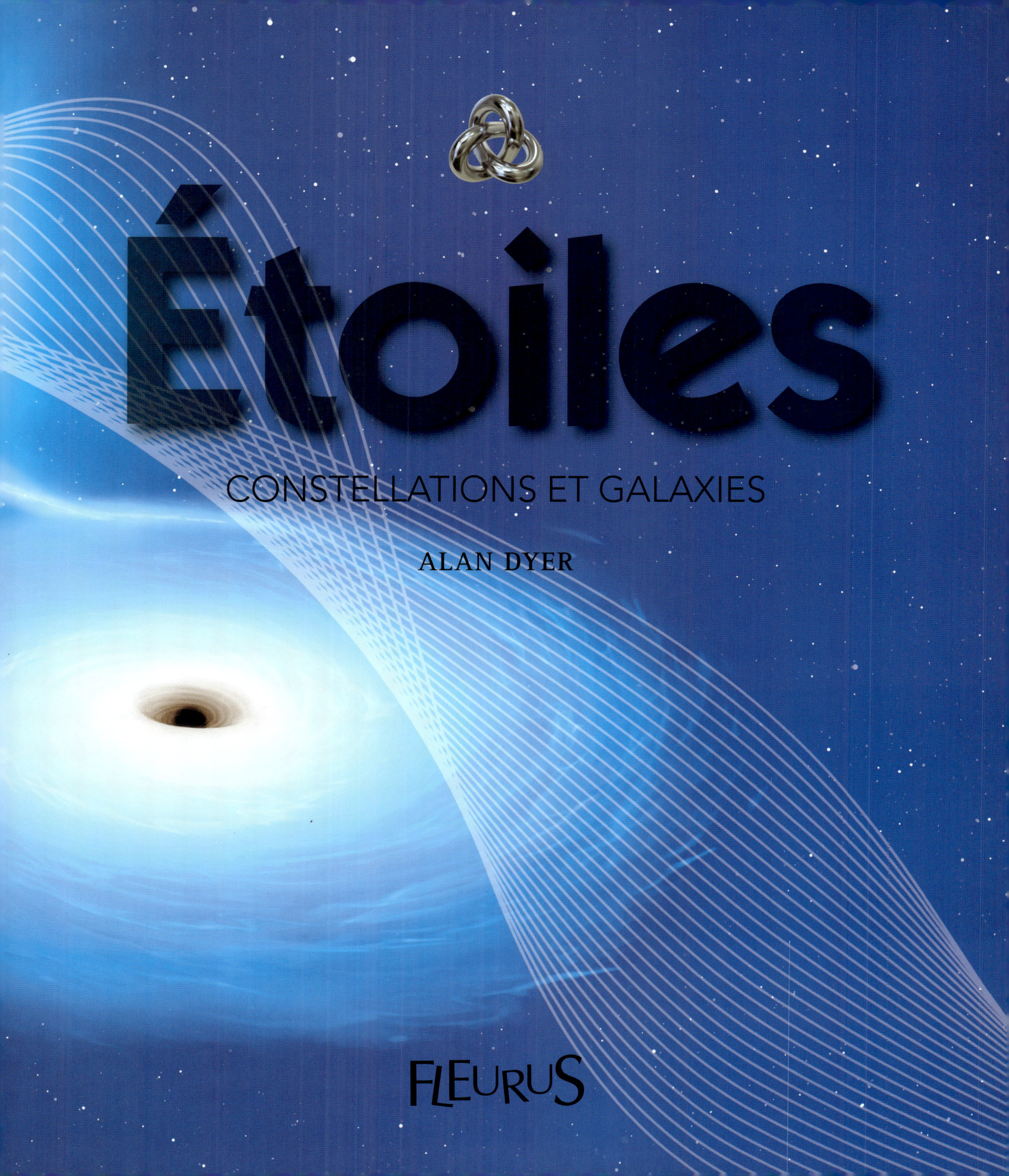

Étoiles

CONSTELLATIONS ET GALAXIES

ALAN DYER

FLEURUS

Sommaire

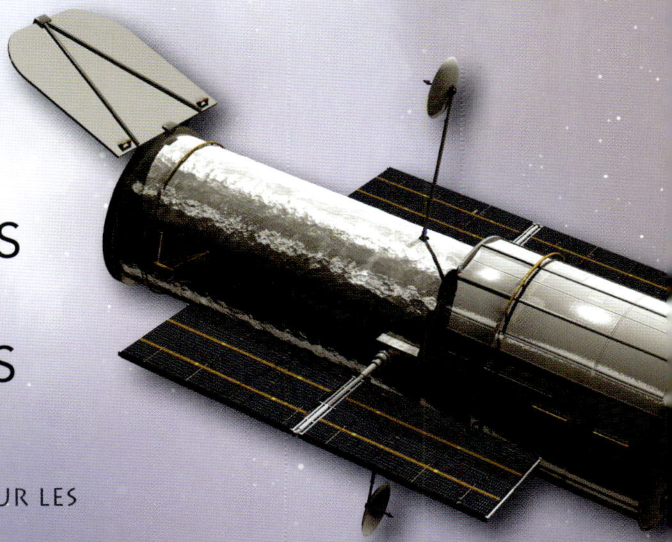

QU'EST-CE QU'UNE ÉTOILE ?

Toutes les étoiles, y compris le Soleil, sont des boules de gaz géantes. Sous l'effet de leur propre gravité, ces gaz, principalement de l'hydrogène, sont comprimés au point d'être portés à plusieurs millions de degrés dans le cœur. Les atomes d'hydrogène, écrasés, se transforment en atomes d'hélium et libèrent de l'énergie : c'est la fusion nucléaire. L'énergie libérée remonte à la surface et rayonne sous forme de lumière et de chaleur. Bien que de nombreuses étoiles soient bien plus massives et brillantes que le Soleil, elles sont si éloignées qu'elles ne sont, dans le ciel nocturne, que des points lumineux.

À l'intérieur d'une étoile
Une étoile géante, surtout si elle est en fin de vie, se compose de nombreuses couches. La fusion de l'hydrogène en hélium a lieu dans une coquille entourant le cœur. Sous celle-ci, l'hélium fusionne en carbone ; et ainsi de suite. Le noyau est formé de fer, ultime élément produit par la fusion normale.

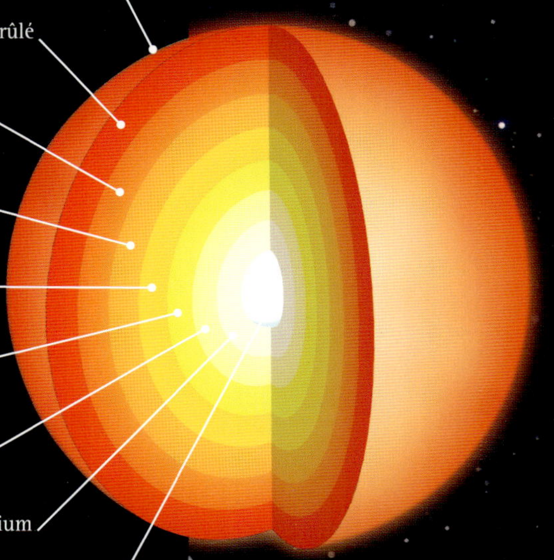

DES LAMPES DANS LE CIEL

NOUS SAVONS AUJOURD'HUI qu'à l'exception du Soleil, les étoiles les plus proches se trouvent à des milliards de kilomètres et que leur lumière met des années à nous parvenir. Il a fallu attendre 1838 pour que la distance d'une étoile soit mesurée correctement. Auparavant, les astronomes ne pouvaient qu'en estimer l'éloignement. Pour certains, les étoiles étaient de petites lampes suspendues à une sphère de cristal tournant autour de la Terre, au-delà de Saturne, la planète la plus lointaine connue alors.

TOUCHER LE CIEL *Jadis, les hommes croyaient que la voûte céleste était située en bordure du monde.*

LES ÉTOILES D'ORION

Orion contient plus d'étoiles brillantes que n'importe quelle autre constellation. La plupart sont des étoiles bleues, très chaudes, formées il y a seulement quelques millions d'années. L'une des étoiles brillantes d'Orion est manifestement différente : Bételgeuse est une supergéante rouge, plus froide que le Soleil mais si énorme qu'elle pourrait englober tout le Système solaire intérieur, jusqu'au-delà de l'orbite de Mars.

Saiph Supergéante bleue, semblable à Rigel, appelée aussi Saiph, qui atteint 25 000 °C

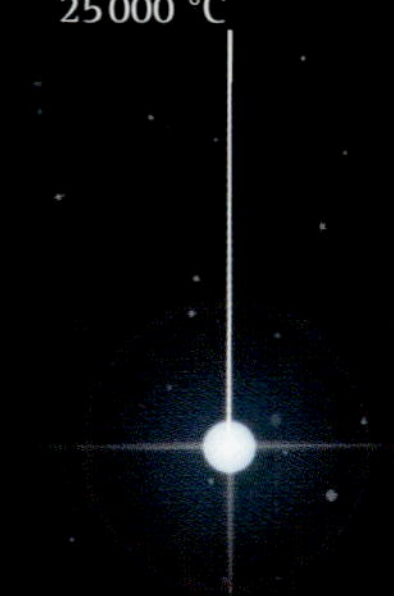

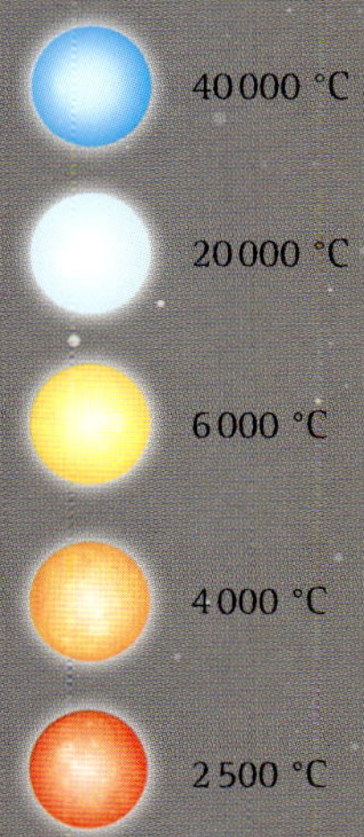

Étoiles : chaudes et froides

Les étoiles sont de différentes couleurs, du rouge au bleu. Plus une étoile est rouge, plus elle est froide ; plus elle est bleue, plus elle est chaude. Le Soleil est une étoile jaune, de température moyenne.

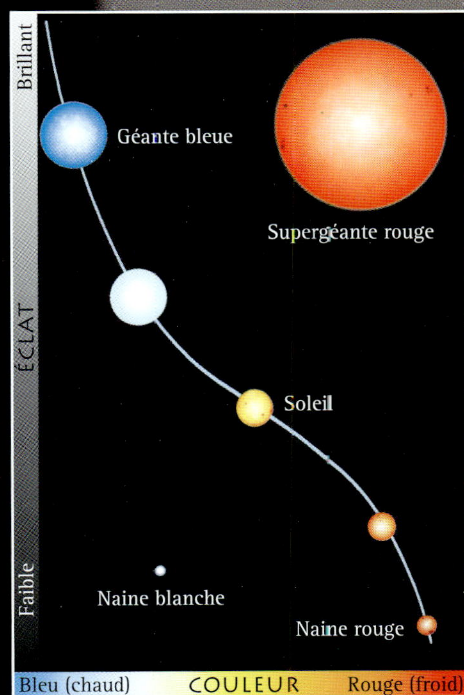

Étoiles : petites et grosses

Les étoiles diffèrent aussi par leur éclat. Les géantes rouges, bien que froides, sont brillantes parce qu'elles sont énormes. Les naines blanches ont beau être chaudes, elles brillent faiblement en raison de leur petite taille.

ÉTOILE

DE LA VIE À LA MORT

Les étoiles naissent dans des nuages gazeux, appelés nébuleuses, et forment souvent d'autres types de nébuleuses lorsqu'elles meurent. De la matière dispersée par les étoiles mourantes naît une nouvelle génération d'étoiles. Entre le début et la fin de leur vie, les étoiles mènent une existence de réacteur thermonucléaire géant, générant de la chaleur et de la lumière en «brûlant» leurs atomes d'hydrogène, convertis en atomes d'hélium. La longévité d'une étoile dépend de sa taille : une géante bleue ne vit que 10 millions d'années, alors qu'une naine comme le Soleil peut durer 10 milliards d'années avant de se transformer en géante rouge.

Pouponnière de la nébuleuse de l'Aigle
Au sein de la nébuleuse de l'Aigle, des nuages sombres et denses, riches en molécules, évoquent des piliers jaillissant d'une énorme grotte remplie d'hydrogène brillant. Tout près, un essaim de jeunes étoiles chaudes rayonne une intense lumière ultraviolette et disperse de violents courants de gaz chauds.

NAISSANCE STELLAIRE

Les étoiles voient le jour dans des nébuleuses géantes constituées principalement d'hydrogène. Ces nuages interstellaires peuvent être très denses, sombres et froids par endroits. C'est dans ces masses glacées, abritant des éléments plus lourds comme le carbone, l'oxygène et l'azote, que naissent les étoiles. Mais, si elles étaient laissées à elles-mêmes, peu de nébuleuses rétréciraient et se réchaufferaient assez pour produire de nouvelles étoiles. Il leur faut donc subir une «poussée».

La formation d'étoiles

Les étoiles chaudes fournissent la poussée nécessaire au déclenchement de la formation de nouvelles étoiles. Leur rayonnement et les vents qu'elles génèrent érodent le sommet des piliers sombres et en détachent des globules de matière. En se contractant, ceux-ci se réchauffent, jusqu'à devenir des étoiles.

UNE VIE D'ÉTOILE

Une fois qu'une étoile s'est formée dans sa nébuleuse, elle commence à brûler son hydrogène, convertissant celui-ci en hélium et produisant de la lumière et de la chaleur. Ainsi débute son existence d'« étoile de la séquence principale », c'est-à-dire d'étoile menant une vie normale, stable. Les étoiles de la séquence principale peuvent être massives et chaudes, et n'avoir qu'une longévité de quelques millions d'années, ou être petites et froides, et brûler tranquillement leur hydrogène pendant des milliards d'années.

CE QUI EMPÊCHE LES ÉTOILES D'EXPLOSER

LA TAILLE DES ÉTOILES de la séquence principale et la quantité d'énergie qu'elles produisent sont maintenues constantes par deux forces opposées. La pression explosive créée par leur rayonnement, s'exerçant vers l'extérieur, les fait se dilater. Mais la force de contraction exercée vers l'intérieur, par la gravité, les amène à rétrécir. Ce n'est que lorsque les étoiles arrivent en fin de vie que l'équilibre entre ces deux forces est rompu.

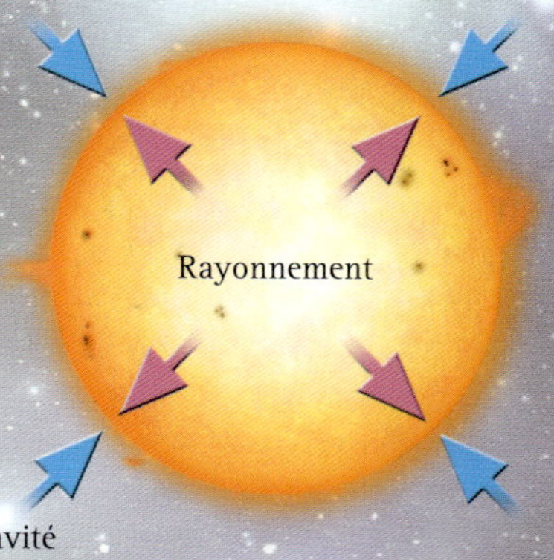

ÉTOILES RONDES *La plupart des étoiles sont rondes, car les forces de rayonnement et de gravité, opposées, s'exercent de manière homogène dans toutes les directions.*

Petites et grandes

Comme le montre cette illustration à l'échelle, les naines rouges sont jusqu'à dix fois plus petites que le Soleil alors que certaines géantes bleues peuvent faire dix fois la taille de ce dernier. Mais toutes ces étoiles sont sur la séquence principale.

Grosse et bleue, rouge et froide

La taille et la température d'une étoile de la séquence principale dépendent de la masse acquise lors de sa formation. Les étoiles les plus massives sont chaudes et bleues. Les plus petites sont rouges et froides.

1 Disque protostellaire

Les étoiles se forment à partir d'un disque tourbillonnant de gaz et de poussières. La matière attirée vers le centre du disque s'échauffe jusqu'à constituer une boule gazeuse brillante. Les résidus de matière peuvent s'agréger pour former des planètes.

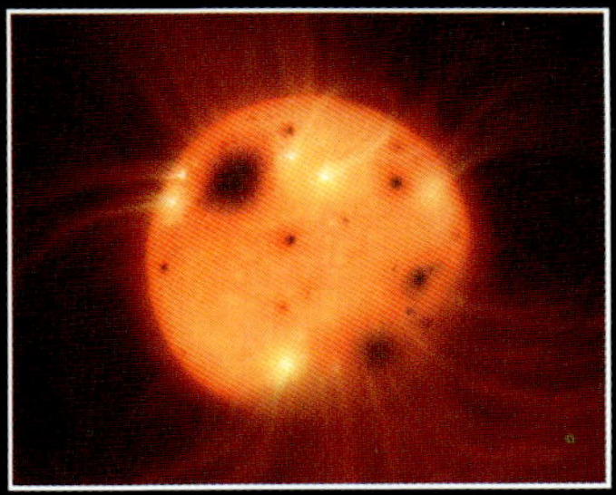

3 Jeunesse stellaire

Les premières années des étoiles sont marquées par d'énormes éruptions, ou sursauts stellaires. Une étoile jeune est active et instable. À ce stade de sa vie, elle demeure en partie cachée dans des nuages de poussières.

Jeunes étoiles

L'amas brillant des Pléiades est constitué d'étoiles nées en même temps, il y a environ 100 millions d'années. La plupart des étoiles forment de semblables amas, qui se disloquent après plusieurs centaines de millions d'années.

MORT D'UNE ÉTOILE

L'hydrogène contenu dans le cœur d'une étoile de la séquence principale finit toujours par s'épuiser. L'étoile, alors, brûle l'hydrogène qui entoure son cœur. Sa température interne augmente, ce qui la fait enfler ; elle devient une géante rouge. Les vents rapides engendrés par cette dilatation dispersent ses couches externes dans l'espace : une nébuleuse brillante se forme autour de l'étoile mourante. Le noyau stellaire chaud qui subsiste s'effondre peu à peu sur lui-même, se transformant en une naine blanche, faiblement lumineuse.

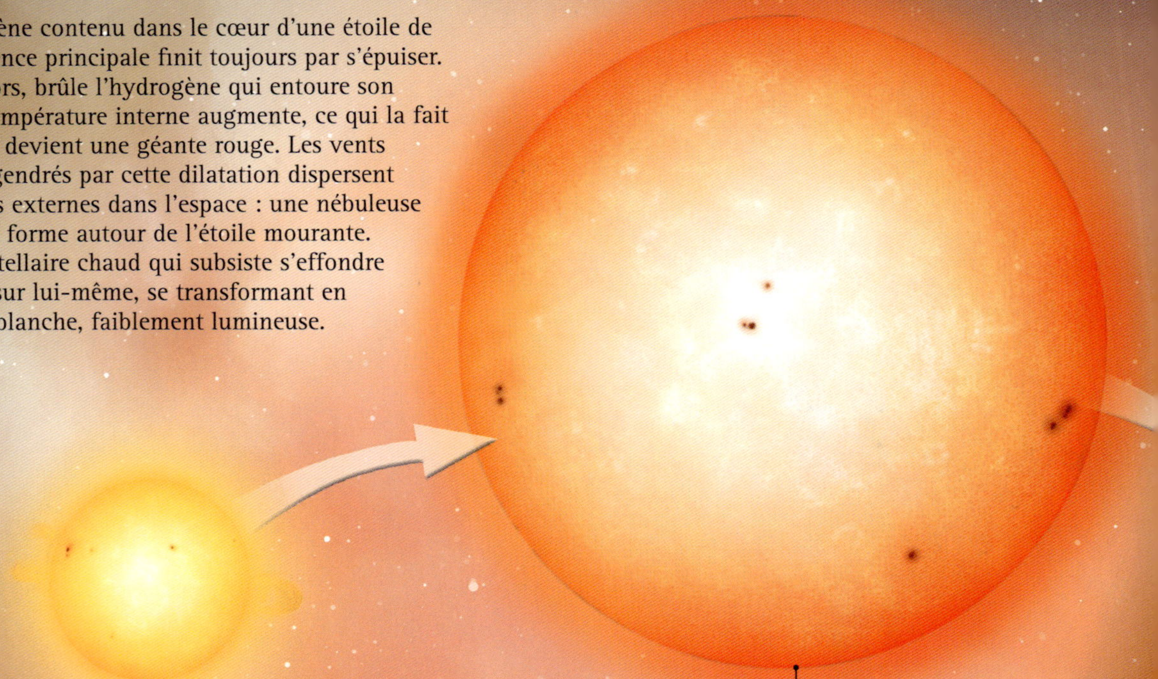

Géante rouge L'intérieur de l'étoile devenant de plus en plus chaud, elle enfle.

Naine jaune Une étoile comme le Soleil passe l'essentiel de son existence sous la forme d'une naine jaune.

ET QUAND LE SOLEIL MOURRA?

EN VIEILLISSANT, LE SOLEIL va peu à peu augmenter de température. Dans un milliard d'années environ, ce sera encore une naine jaune, mais la Terre sera devenue trop chaude pour que la vie puisse y prospérer. Les océans s'évaporeront et même l'atmosphère terrestre se dissipera dans l'espace. Puis, dans cinq milliards d'années, le Soleil se transformera en géante rouge. Il deviendra si énorme qu'il avalera Mercure et Vénus... et peut-être même la Terre.

CIEL ROUGE *Dans quelques milliards d'années, le Soleil, dilaté, paraîtra gigantesque dans notre ciel.*

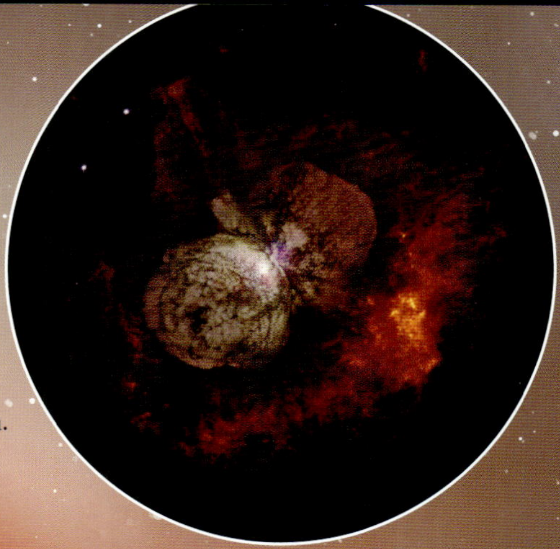

Prête à exploser !
En fin de vie, des étoiles beaucoup plus massives que le Soleil, comme Eta Carinae, expulsent encore plus de matière, perdant l'essentiel de leur masse. Le noyau stellaire subsistant peut toutefois être si gros qu'il explose en supernova.

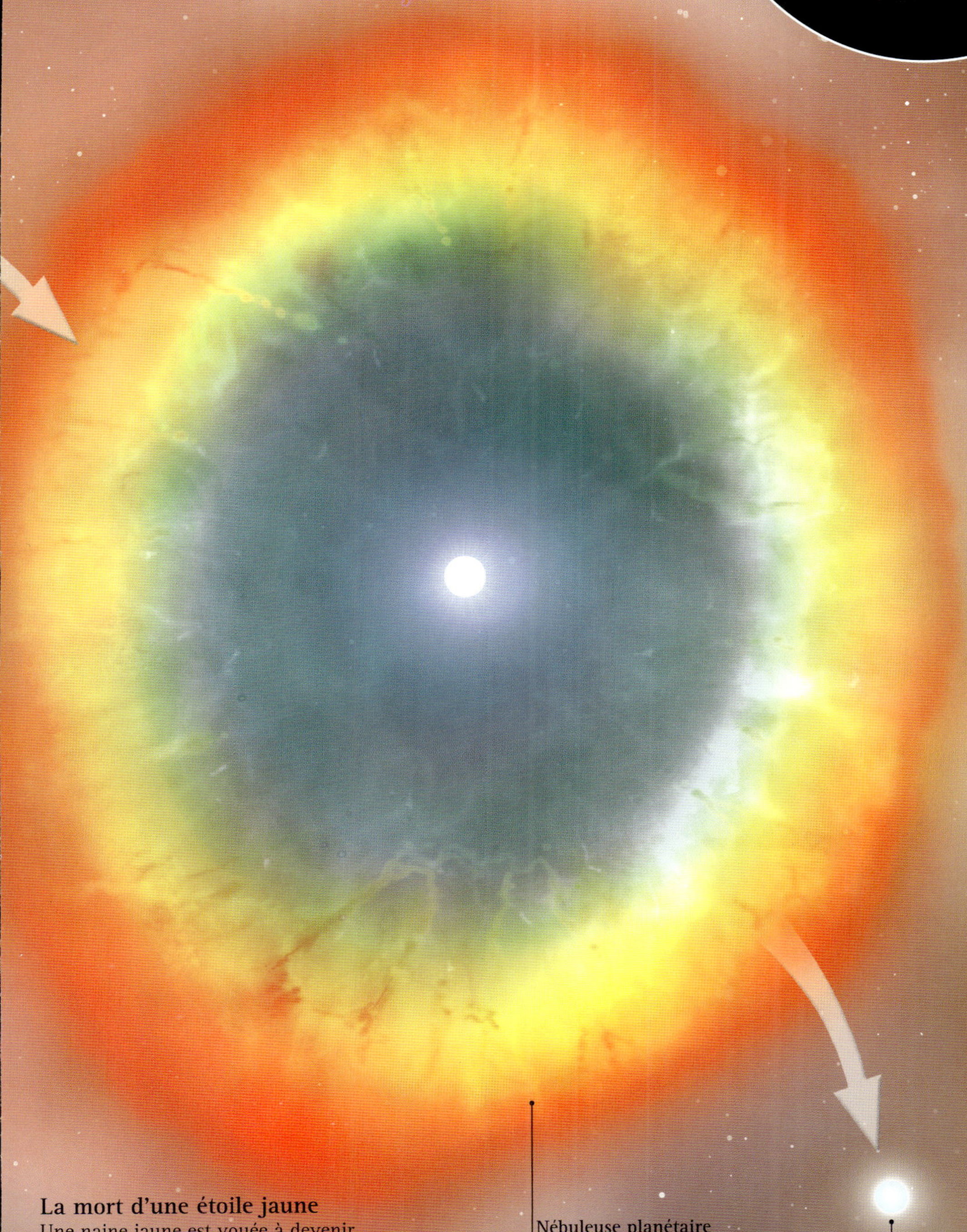

La mort d'une étoile jaune
Une naine jaune est vouée à devenir une géante rouge, après plusieurs milliards d'années. Elle n'explose pas, mais ses couches externes se dispersent pour former une nébuleuse planétaire. Après avoir perdu tant de masse, l'étoile se contracte en une naine blanche.

Nébuleuse planétaire
Les couches externes de l'étoile se dispersent en courants gazeux rapides.

Naine blanche
Ce qui reste de l'étoile se contracte en une naine blanche, chaude et faible.

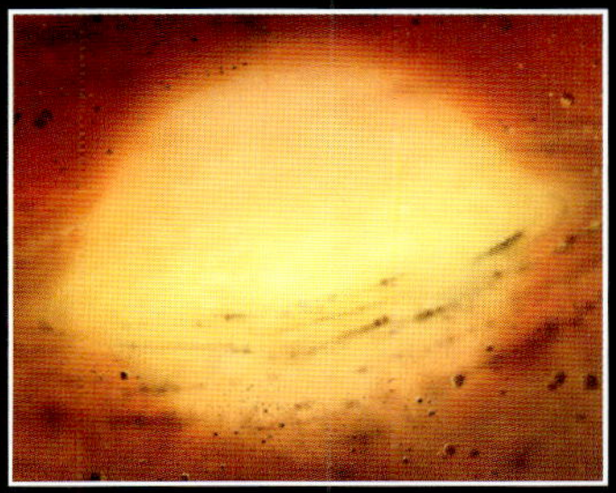

2 Protoétoile
La jeune étoile grossit, jusqu'à atteindre une taille suffisante pour que la fusion de l'hydrogène en hélium se déclenche dans son cœur, générant l'énergie qui va alimenter l'étoile pendant la plus grande partie de sa vie.

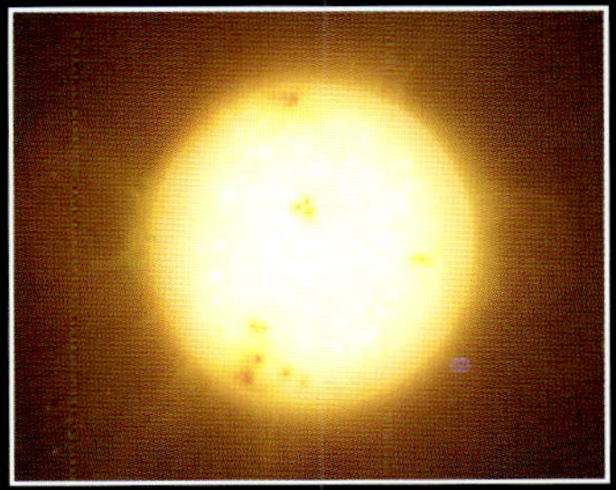

4 Étoile stable
Après plusieurs dizaines de millions d'années, les vents engendrés par l'étoile dispersent les gaz et les poussières qui l'entouraient. L'étoile entre dans une phase stable et prévisible : la séquence principale.

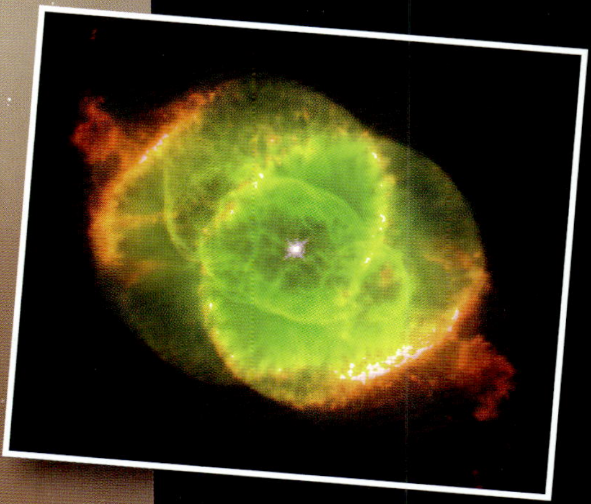

Vieille étoile
À la fin de sa vie, une étoile comme le Soleil expulse ses couches externes, souvent en une série de sursauts. Les coquilles de gaz ainsi formées, ou nébuleuses planétaires, dont la nébuleuse de l'Œil de Chat est un exemple, se dissolvent dans l'espace après 10 000 ans.

NÉBULEUSES DE GAZ ET DE POUSSIÈRES

Les nébuleuses comptent parmi les plus beaux objets célestes. Dans ces régions apparemment paisibles, des nuages de gaz se heurtent et s'effondrent, donnant naissance à des étoiles et des planètes nouvelles. Les nébuleuses ne persistent en général que quelques millions d'années : la plus grande partie de leur gaz a alors été utilisée, et les vents féroces soufflés par les jeunes étoiles chaudes dispersent ce qui en subsiste. Il ne reste plus qu'un amas d'étoiles brillant. La nébuleuse d'Orion, qu'on voit ici, n'a que deux millions d'années.

Nébuleuse d'Orion
En dessous des trois étoiles de la ceinture d'Orion se trouve un objet qui, à travers des jumelles, paraît être une étoile floue. Il s'agit en réalité d'une nébuleuse brillante, où se forment des myriades d'étoiles.

UN CALME TROMPEUR

DANS LES PROFONDEURS DE LA NÉBULEUSE d'Orion, les vents engendrés par les jeunes étoiles chaudes modèlent et font tourbillonner des nuages de gaz. Des jets gazeux projetés par d'autres étoiles viennent percuter la nébuleuse, créant des ondes de choc parmi les molécules de gaz. La lumière ultraviolette émise par les étoiles chaudes érode les régions plus denses, extirpant de nouvelles étoiles de leur cocon de poussières.

REGARD INDISCRET
En prenant des photos en infrarouge comme celle-ci, les astronomes peuvent voir à travers la poussière qui cache les nouvelles étoiles.

À L'INTÉRIEUR D'ORION

Située à quelque 1 500 années-lumière de la Terre, la nébuleuse d'Orion est l'une des pouponnières d'étoiles les plus actives de notre ciel. Elle abrite environ 1 000 nouvelles étoiles, apparaissant ici sous forme de taches jaunes et vertes. L'intense lumière ultraviolette émise par un amas d'étoiles chaudes dans le centre brillant de la nébuleuse fait rayonner les nuages d'hydrogène et de soufre environnants.

Nébuleuses à émission
Dans certaines nébuleuses, des étoiles chaudes enfouies dans le cœur chauffent les gaz environnants qui réémettent de la lumière. La nébuleuse brille alors comme une lampe fluorescente, dans des teintes rouges, vertes et bleues.

Nébuleuses sombres
D'autres nébuleuses se présentent comme des nuages sombres. De la poussière opaque, constituée surtout de particules de carbone formées dans l'atmosphère des étoiles, masque en effet les étoiles plus lointaines, de sorte que l'on ne voit qu'un trou noir dans le ciel.

Nébuleuses à réflexion
Certaines nébuleuses brillent seulement parce que les particules de poussière qu'elles contiennent réfléchissent la lumière des étoiles proches. En général, ces nébuleuses paraissent bleues car elles sont formées autour de nouvelles étoiles, chaudes et le plus souvent elles-mêmes bleues.

La première
La première naine blanche à avoir été découverte, en 1862, tourne autour de Sirius A, l'étoile la plus brillante du ciel nocturne. Bien que deux fois et demie plus chaude, Sirius B est si petite qu'on ne voit d'elle qu'un point très pâle (en bas, à gauche).

NAINES COLORÉES

Les astronomes classent le Soleil parmi les naines jaunes. Il est de fait plus petit que la plupart des étoiles brillantes que nous pouvons voir la nuit. Mais il est beaucoup plus gros que la plupart des étoiles de notre galaxie, qui sont des naines rouges. Ces avares économisent leur hydrogène jusqu'à 100 milliards d'années, soit bien plus que l'âge de l'Univers ! Les naines blanches sont les scories d'étoiles en fin de vie, qui sont devenues des géantes rouges puis ont expulsé leur matière, laissant leur cœur chaud à nu.

La plus proche
Proxima Centauri, une naine rouge, est l'étoile la plus proche de la Terre, à environ 4 années-lumière. Sur cette image en rayons X, elle forme un point rouge brillant. Mais elle est bien trop faible pour être visible à l'œil nu.

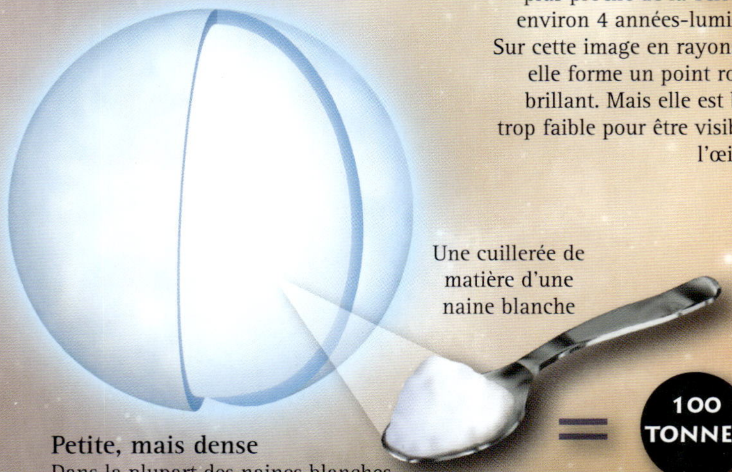

Une cuillerée de matière d'une naine blanche = 100 TONNES

Petite, mais dense
Dans la plupart des naines blanches, une mince coquille d'hydrogène et d'hélium entoure un cœur fait d'atomes de carbone et d'oxygène, très serrés. Une naine blanche ressemble donc davantage à un cristal qu'à une sphère gazeuse.

C'est du lourd !
La matière constituant l'intérieur d'une naine blanche est si dense que si on en rapportait une cuillerée sur la Terre, elle pèserait 100 tonnes. C'est comme si une cuillerée de sucre pesait autant qu'un moteur de locomotive.

= 100 TONNES

Un moteur de locomotive

À L'INTÉRIEUR D'UNE NAINE ROUGE

L'intérieur des petites étoiles est plus simple que celui des étoiles plus grosses. Du gaz monte du cœur des naines rouges jusqu'à leur surface puis redescend, brassant l'intérieur de l'étoile en une région unique où l'hydrogène fusionne en hélium. Seules les plus grosses naines rouges ont un cœur chaud distinct, comme en possède le Soleil.

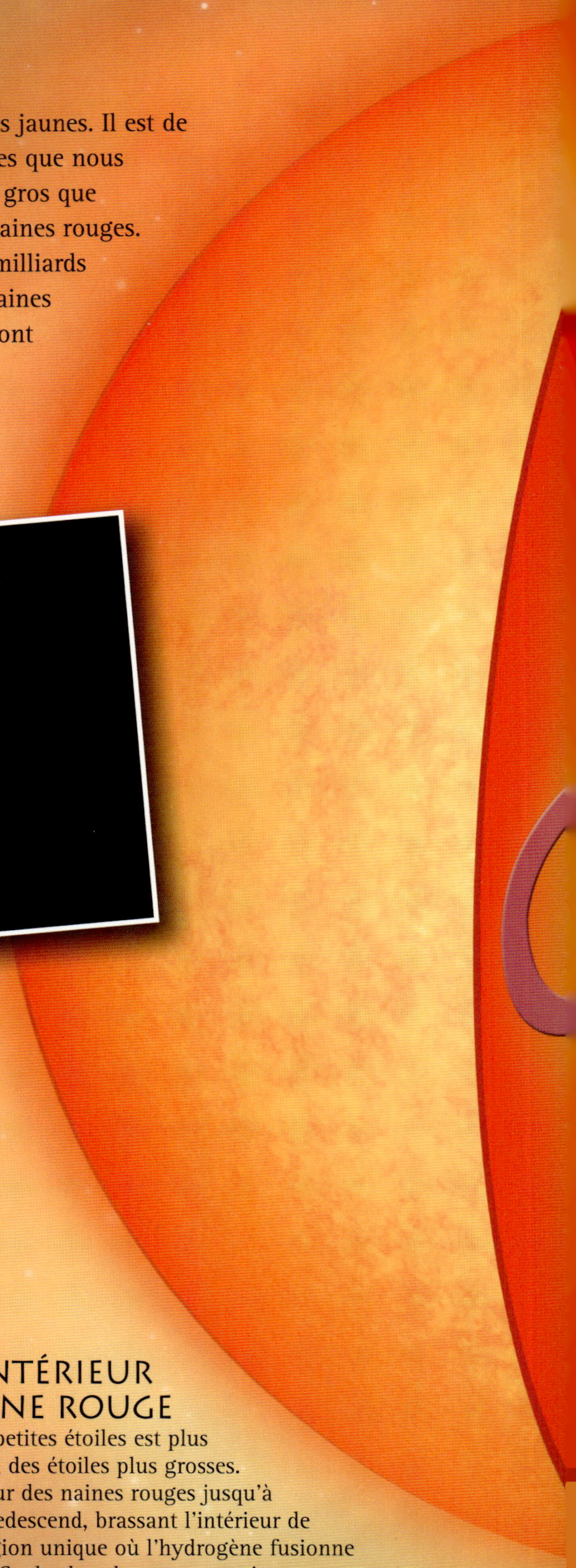

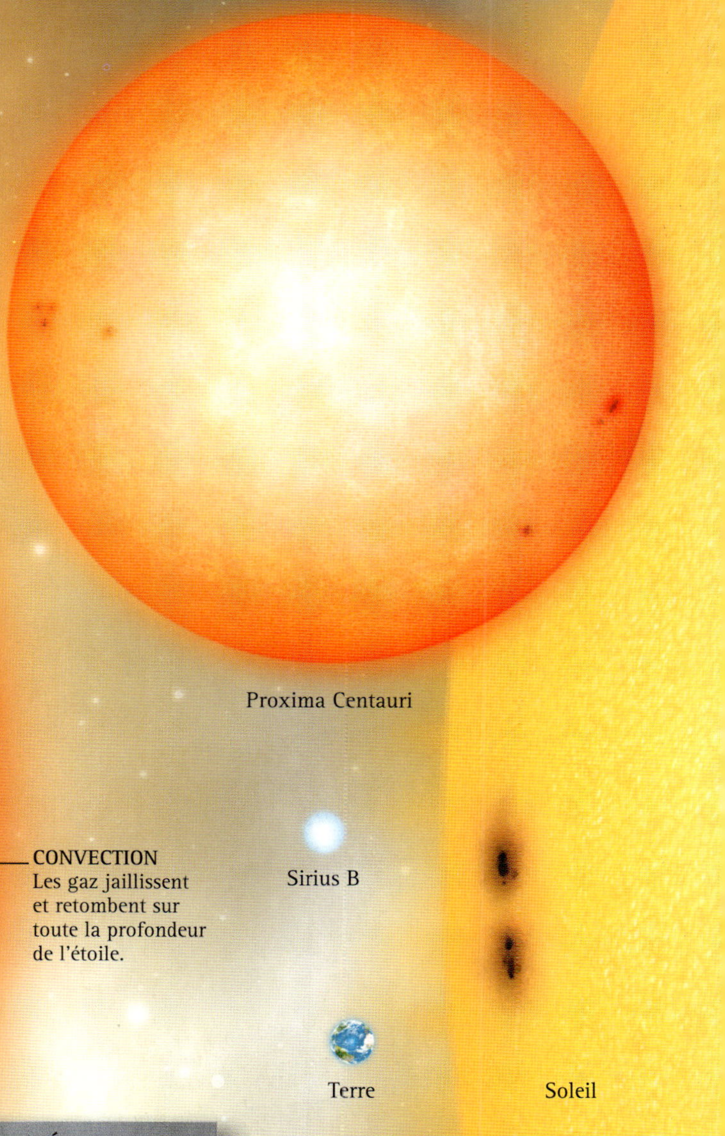

ÉTOILE NAINE OU PLANÈTE GÉANTE ?

ON APPELLE NAINES BRUNES les étoiles dont la masse représente moins de 80 fois celle de Jupiter. Elles sont trop petites et trop froides pour que la fusion nucléaire s'y déclenche. Mais elles émettent de la chaleur en se contractant, ce qui les fait briller faiblement. Une naine brune est donc un objet bizarre, à mi-chemin entre une étoile normale et une planète gazeuse géante.

JUPITER, ÉTOILE AVORTÉE ? *Bien qu'elle soit la plus grosse planète du Système solaire et émette sa propre chaleur interne, Jupiter est bien moins massive qu'une naine brune typique.*

La taille des naines
La naine rouge Proxima Centauri est sept fois moins grosse que le Soleil et à peine plus grosse que Jupiter. Les naines blanches sont encore plus petites : Sirius B fait la même taille que la Terre, mais contient autant de matière qu'une étoile de bonne taille.

GÉANTES ET SUPERGÉANTES

Quand une étoile de la taille du Soleil a épuisé l'hydrogène contenu dans les profondeurs de son cœur, elle commence à brûler celui qui se trouve dans les couches supérieures. Ce processus réchauffe l'intérieur de l'étoile et la fait se dilater. Tandis que la surface enflée refroidit et vire au rouge, le cœur grimpe jusqu'à une température de 100 000 000 °C : l'hélium se consume à son tour, fusionnant en éléments plus lourds. Les étoiles plus grosses que le Soleil, déjà géantes à leur naissance, peuvent elles-mêmes gonfler pour devenir des « supergéantes » au sein desquelles les atomes se transforment en éléments aussi lourds que le fer. Les supergéantes sont vouées à exploser en supernovae.

La supergéante d'Orion
Rigel, une supergéante bleue, dessine le pied d'Orion le chasseur. Cette étoile monstrueuse brille 80 000 fois plus que le Soleil. Si elle devait exploser en supernova, elle serait aussi lumineuse dans le ciel nocturne qu'un quartier de Lune.

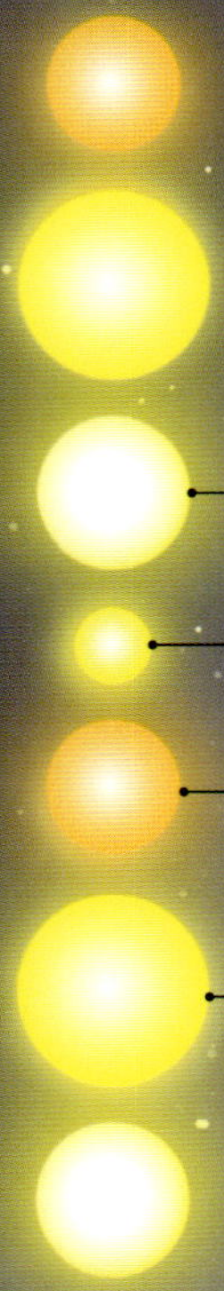

Étoiles variables
En se transformant en géante, une étoile peut varier en taille et en éclat. Brillante quand elle est chaude et blanche, elle faiblit lorsqu'elle est froide et rouge, sa taille changeant indépendamment de son éclat.

Y A-T-IL BEAUCOUP DE GÉANTES ?

Quand les astronomes répartissent les étoiles sur un graphique en fonction de leur éclat et de leur couleur, ils en trouvent peu à placer en haut et à droite de la courbe. Parmi ces géantes et supergéantes figurent des étoiles bien connues comme Bételgeuse, Rigel, Antarès et l'étoile Polaire. La plupart des étoiles sont plus faibles et se situent sur la séquence principale. Ce sont pour l'essentiel des naines rouges, plus nombreuses que toutes les autres étoiles réunies.

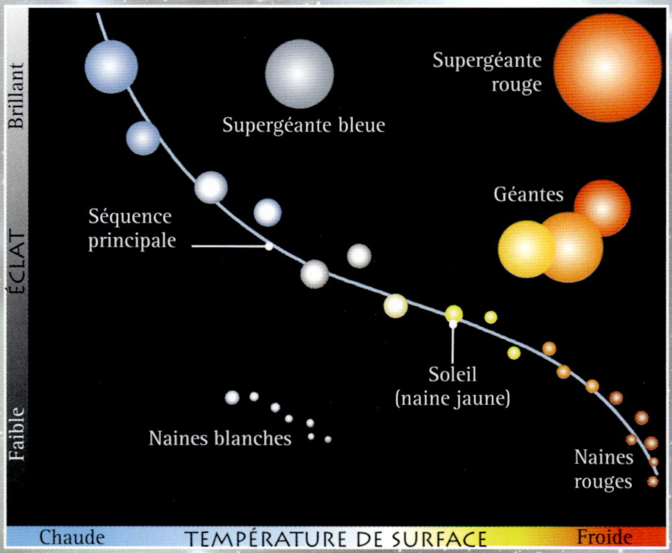

PLUS GROSSES, PLUS BRILLANTES *C'est parce qu'elles sont énormes que les géantes et supergéantes sont si lumineuses.*

LE SYSTÈME SOLAIRE ENGLOUTI

La supergéante rouge Bételgeuse est si colossale que si elle se trouvait au centre du Système solaire, elle engloutirait toutes les planètes intérieures, jusqu'à Mars, et même la ceinture d'astéroïdes. Sur cette illustration, la taille du Soleil et des planètes est exagérée : en comparaison de Bételgeuse, ce ne sont que de minuscules points.

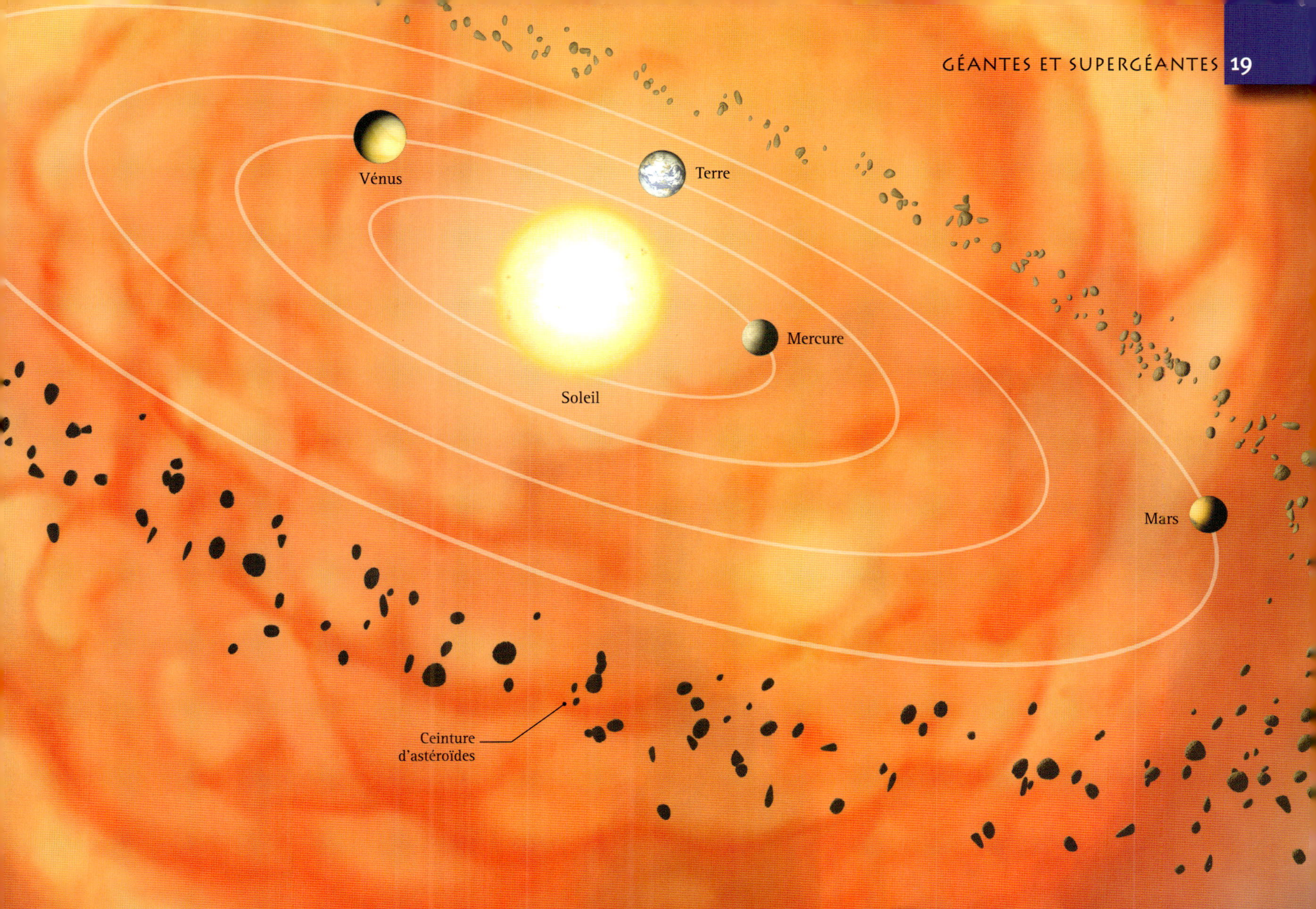

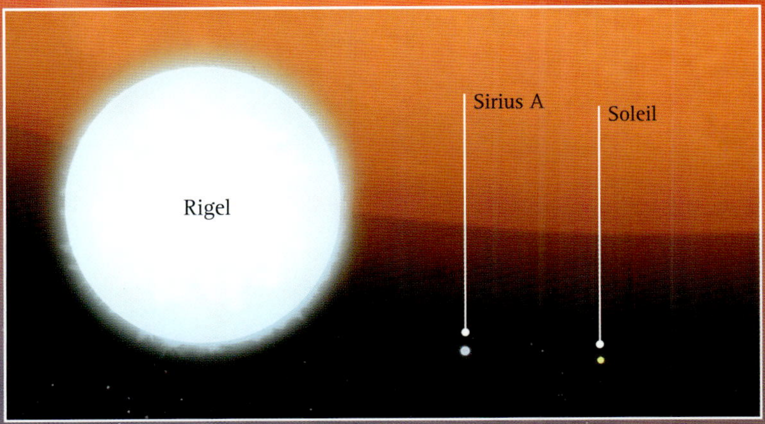

Toujours plus grosses
De nombreuses étoiles familières de notre ciel, comme Sirius A, sont plus grosses que le Soleil. Les plus grosses de toutes sont les supergéantes bleues (telle Rigel) et rouges (telle Bételgeuse).

Géante bouillonnante
Bételgeuse est si énorme que la gravité ne maintient pas assez fortement ses couches externes. Au lieu d'être une boule de gaz bien lisse, l'étoile bouillonne. Des bulles de gaz aussi grosses qu'elle s'élèvent puis retombent, comme dans un chaudron infernal.

SUPERNOVAE
EXPLOSIVES

Les supergéantes ne vivent pas longtemps. Elles consument toutes leurs réserves de carburant en quelques millions d'années seulement. Leur cœur se transforme rapidement en un tas de cendres de fer. Incapable de produire de l'énergie, le cœur de l'étoile géante s'effondre en quelques secondes. L'étoile implose d'abord (vers l'intérieur) puis explose (vers l'extérieur), libérant soudain plus d'énergie que toute une galaxie. Quand la supernova est assez proche, une étoile «nouvelle» (*nova,* en latin) apparaît dans le ciel : en réalité, c'est une vieille étoile qui meurt.

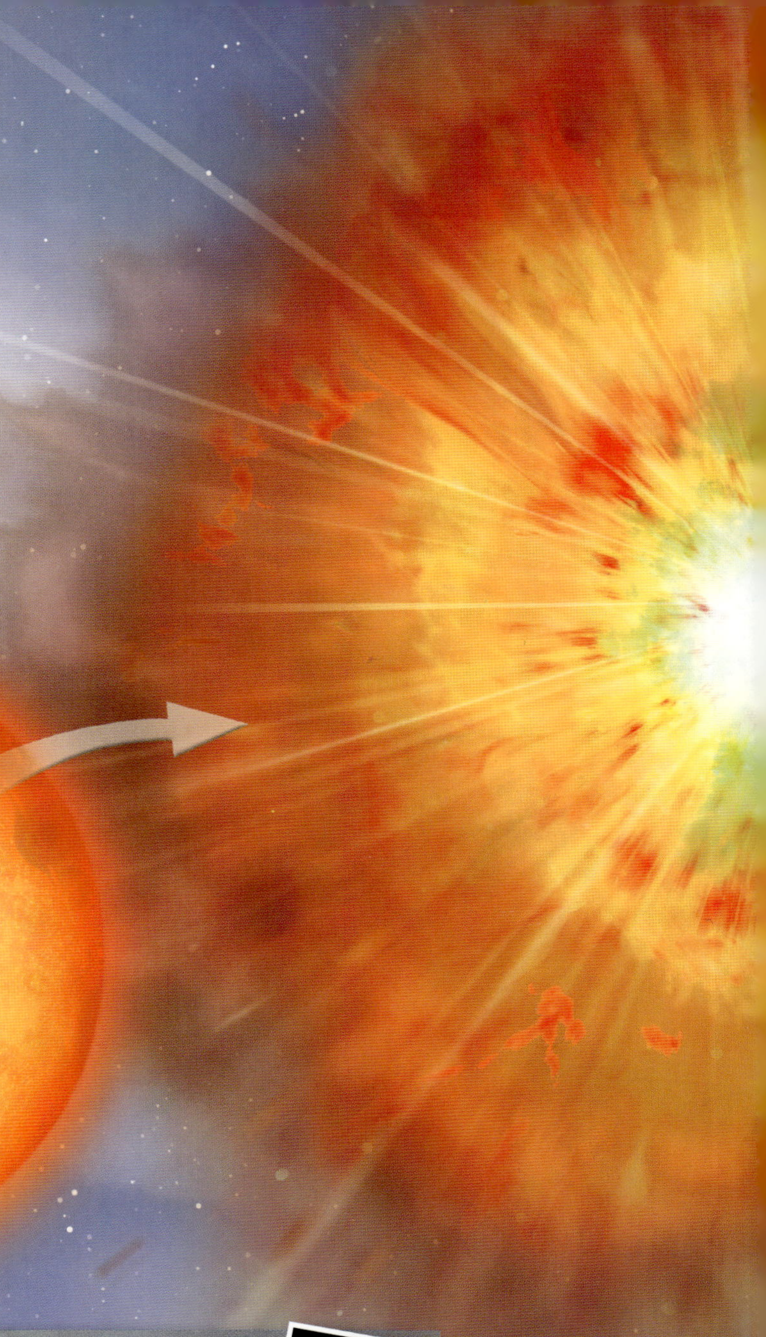

POURQUOI ÇA EXPLOSE

Une étoile peut exploser quand elle a épuisé le carburant dans son cœur. Désormais incapable de produire de l'énergie pour compenser la force exercée par la gravité, le cœur s'effondre, avec des conséquences catastrophiques.

2 À mesure que l'étoile brûle d'autres éléments que l'hydrogène, elle se dilate en géante rouge. Elle finit par épuiser tout ce qui peut servir de carburant dans son cœur. Celui-ci s'effondre.

1 Seules les plus grosses étoiles – les géantes bleues faisant plusieurs fois la taille du Soleil – peuvent se transformer en supernovae. Elles brûlent rapidement tout leur carburant.

RECYCLAGE COSMIQUE

SAUF L'HYDROGÈNE et une partie de l'hélium, tous les atomes composant la matière visible – y compris notre corps – ont été créés dans les étoiles. Certains furent engendrés au cours de la vie d'une étoile. D'autres furent produits puis dispersés par une supernova : incorporés à une autre nébuleuse, ils sont devenus de nouvelles étoiles, planètes ou formes de vie. Nous sommes faits de débris d'étoiles.

NÉBULEUSE DU CRABE *Là où une supernova explosa en 1054, nous observons un nuage de débris en expansion.*

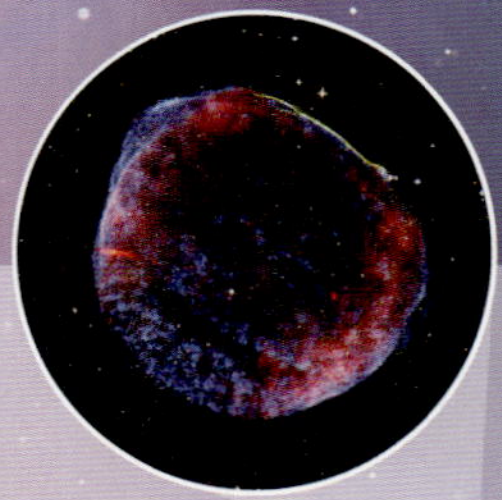

La supernova la plus lumineuse de l'Histoire brille autant qu'un quartier de Lune.

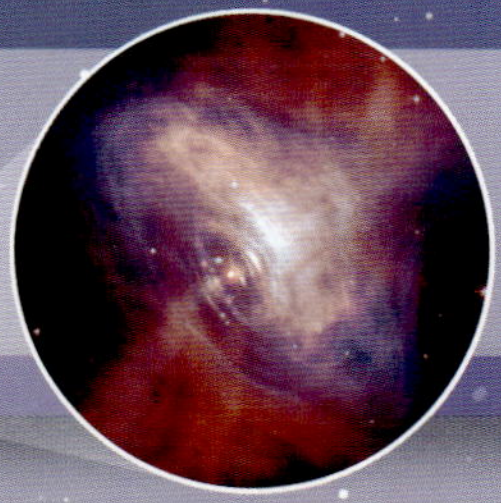

Les astronomes chinois observent une étoile brillante dans le Taureau.

Observations de supernovae

Au cours des mille dernières années, seule une poignée de supernovae a été observée dans notre galaxie de la Voie lactée. Les astronomes guettent l'apparition de ce phénomène dans le ciel.

Année 1006 1054

3 Les couches externes de l'étoile tombent dans le cœur. L'afflux soudain de matière y déclenche une explosion d'énergie, qui souffle l'étoile.

4 La plus grande partie de la masse de l'étoile est éjectée dans l'espace : des panaches de débris s'étendent depuis le centre. Ces rémanents de supernova nous apparaissent sous forme de nuages de gaz chauds.

5 De l'étoile ne subsiste qu'un noyau. La gravité l'écrase en une boule dense de neutrons, que l'on appelle une étoile à neutrons. Mais s'il est assez massif, le noyau s'effondre, devient invisible : un trou noir se forme.

L'astronome Tycho Brahe observe « une nouvelle étoile » dans Cassiopée.

1572

Johannes Kepler, assistant de Brahe, note l'existence d'une étoile éphémère dans le Serpentaire.

1604

Une coquille de gaz se trouve là où John Flamsteed avait vu une étoile faible.

1680

Les astronomes étudient une supernova dans le Grand Nuage de Magellan, galaxie voisine.

1987

2010

ÉTOILE UNIQUE

Alors que de nombreuses étoiles, y compris des naines jaunes comme le Soleil, vont par deux ou même par trois, les deux tiers environ des étoiles de la Voie lactée se déplacent en solitaires dans l'espace ou, comme le Soleil, sont accompagnées d'une cohorte de planètes. Les astronomes estiment qu'un dixième au moins des étoiles uniques semblables au Soleil, et peut-être même la moitié d'entre elles, sont de même entourées de planètes. Il pourrait y avoir des milliards de planètes comme la Terre dans notre seule galaxie.

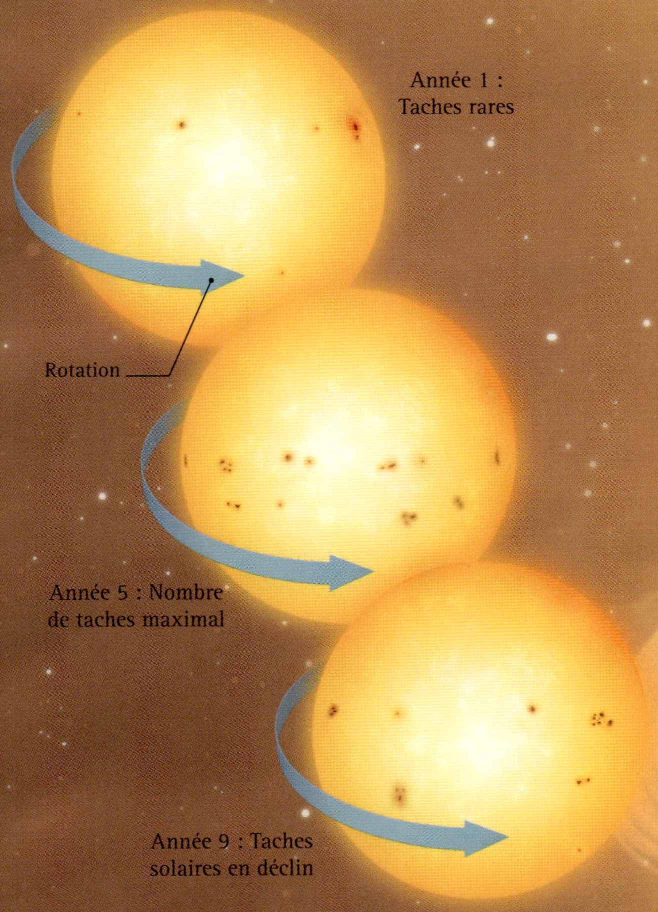

Un Soleil tacheté
Même le Soleil garde une part de mystère. Des taches apparaissent et disparaissent à sa surface selon un cycle de onze années. Les scientifiques travaillent encore à expliquer et à prévoir correctement ce cycle d'activité solaire.

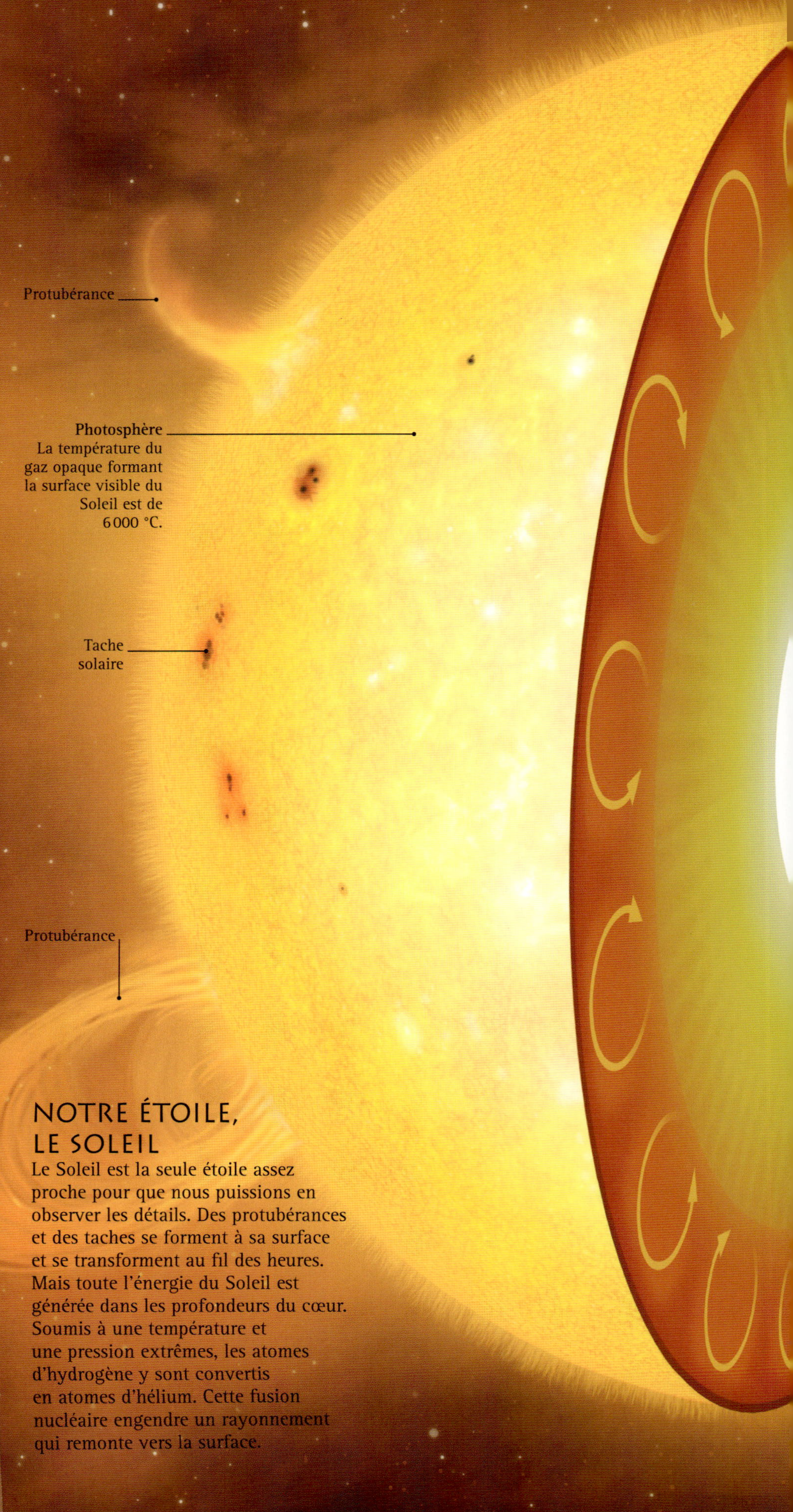

NOTRE ÉTOILE, LE SOLEIL

Le Soleil est la seule étoile assez proche pour que nous puissions en observer les détails. Des protubérances et des taches se forment à sa surface et se transforment au fil des heures. Mais toute l'énergie du Soleil est générée dans les profondeurs du cœur. Soumis à une température et une pression extrêmes, les atomes d'hydrogène y sont convertis en atomes d'hélium. Cette fusion nucléaire engendre un rayonnement qui remonte vers la surface.

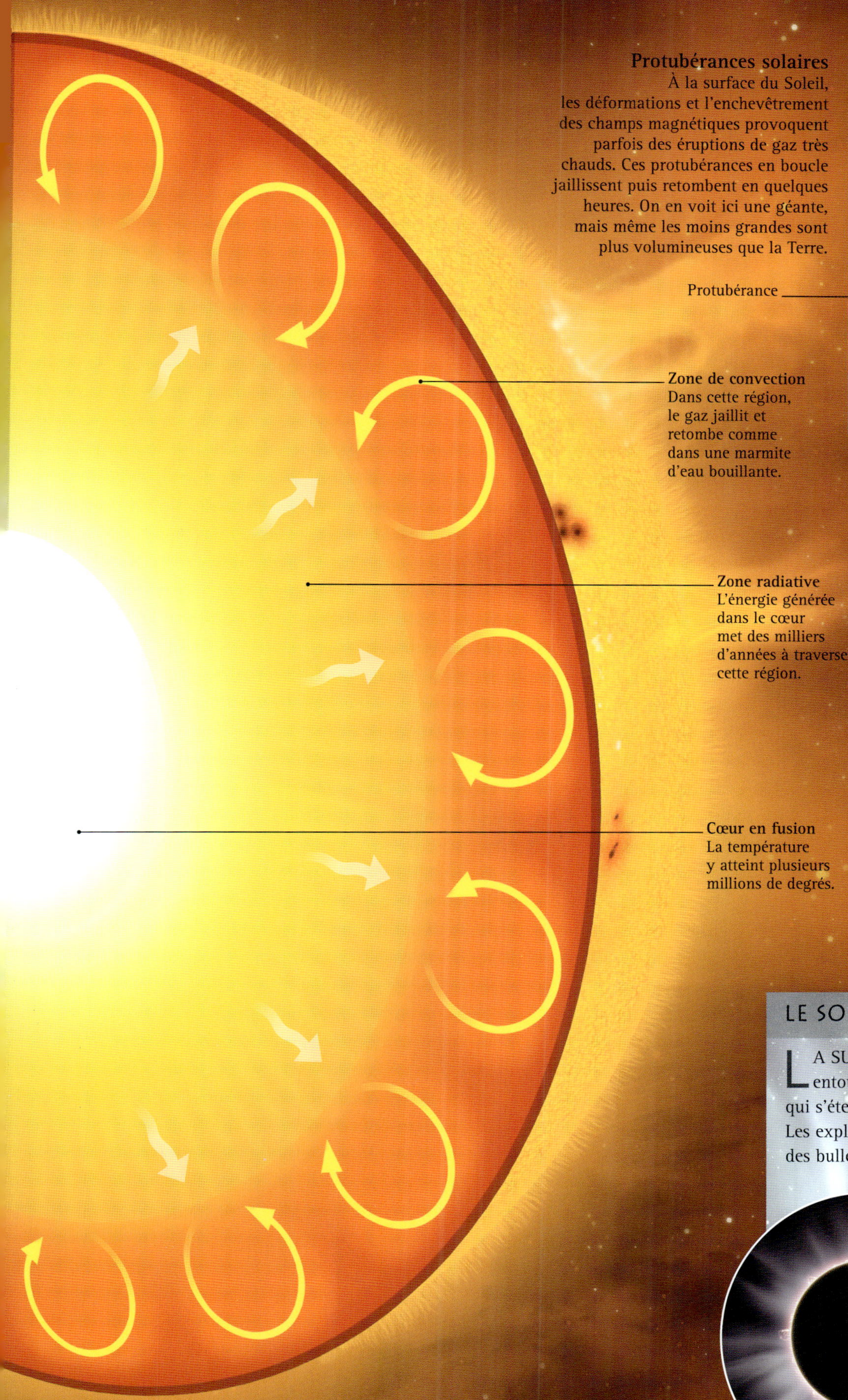

Protubérances solaires
À la surface du Soleil, les déformations et l'enchevêtrement des champs magnétiques provoquent parfois des éruptions de gaz très chauds. Ces protubérances en boucle jaillissent puis retombent en quelques heures. On en voit ici une géante, mais même les moins grandes sont plus volumineuses que la Terre.

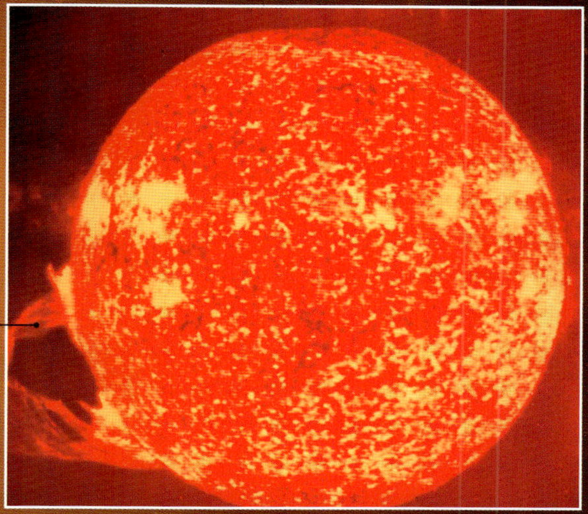

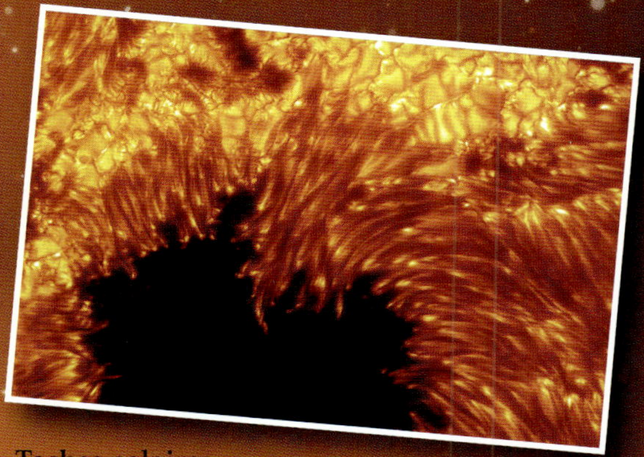

Taches solaires
Les champs magnétiques peuvent piéger les courants gazeux au niveau de la photosphère, les empêchant de circuler : la région affectée refroidit – descendant à 4 500 °C – et s'assombrit. Une tache solaire se développe puis disparaît en quelques jours.

LE SOLEIL A-T-IL UNE ATMOSPHÈRE ?

LA SURFACE VISIBLE DU SOLEIL, gazeuse, est elle-même entourée par une région de gaz chauds : la couronne, qui s'étend sur plusieurs millions de kilomètres dans l'espace. Les explosions survenant à la surface peuvent projeter des bulles de gaz dans la couronne et éjecter des fragments d'atmosphère solaire vers la Terre. Quand ces particules solaires entrent en collision avec le champ magnétique terrestre, elles peuvent déclencher des aurores polaires dans notre atmosphère.

ÉCLIPSE SOLAIRE *Quand la Lune masque totalement le Soleil, la couronne solaire se révèle.*

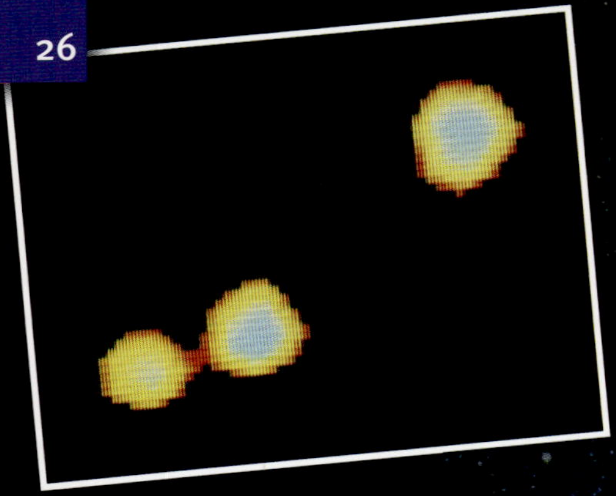

Trio stellaire
L'« étoile » la plus brillante de la Licorne se compose en fait de trois étoiles bleues, presque identiques, plus grosses que le Soleil. Les deux plus rapprochées tournent l'une autour de l'autre sur une période de 4 200 ans ; la troisième décrit une orbite autour du couple en 14 000 ans.

SIRIUS A ET B

Si l'on faisait route vers Sirius, à 8,6 années-lumière, voici ce que l'on verrait. La grande étoile blanche, Sirius A, est l'étoile la plus brillante du Grand Chien. On peut la voir à l'œil nu dans le ciel terrestre. Autour d'elle tourne une petite étoile, une naine blanc-bleu, appelée Sirius B, qui brille ici faiblement sur la droite.

Étoiles à éclipses
L'étoile binaire Algol est formée d'une étoile blanche brillante tournant autour d'une étoile jaune, plus grosse mais plus faible. La lumière émise par le système diminue pendant quelques heures quand la géante jaune nous cache l'étoile blanche : Algol semble clignoter.

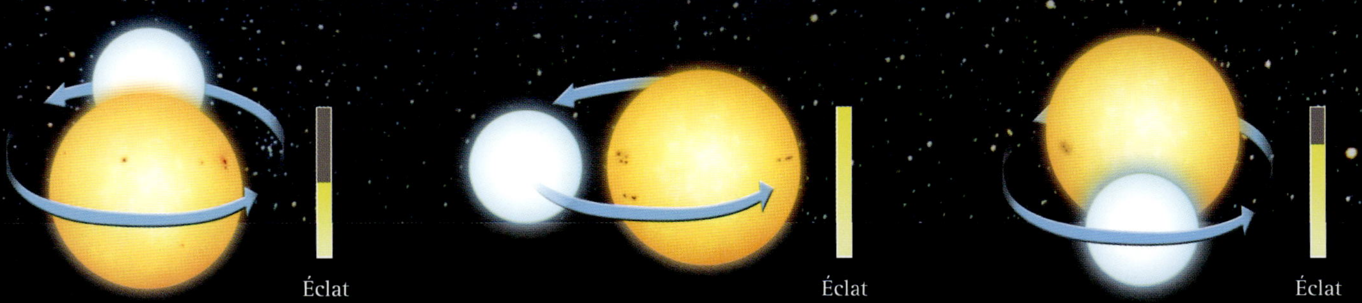

BINAIRES ET TRIPLES

Un tiers environ des étoiles visibles dans le ciel appartiennent à des systèmes formés de deux étoiles ou plus, qui tournent les unes autour des autres. Les couples sont plus fréquents, mais il existe des systèmes triples, voire quadruples. De telles étoiles naissent dans un même nuage de gaz mais, au lieu d'une étoile unique, apparaissent des jumeaux ou des triplés. Les systèmes binaires et multiples peuvent être composés d'étoiles presque identiques, ou d'étoiles très différentes par leur taille, leur couleur ou leur rythme de vieillissement.

Étoile triple proche
D'une planète en orbite autour de Proxima Centauri, vous pourriez observer ses très proches et brillants compagnons, Alpha Centauri A et B, qui dansent l'un autour de l'autre sur une période de 80 ans. Cette étoile triple est le système stellaire le plus proche de la Terre, à un peu plus de 4 années-lumière.

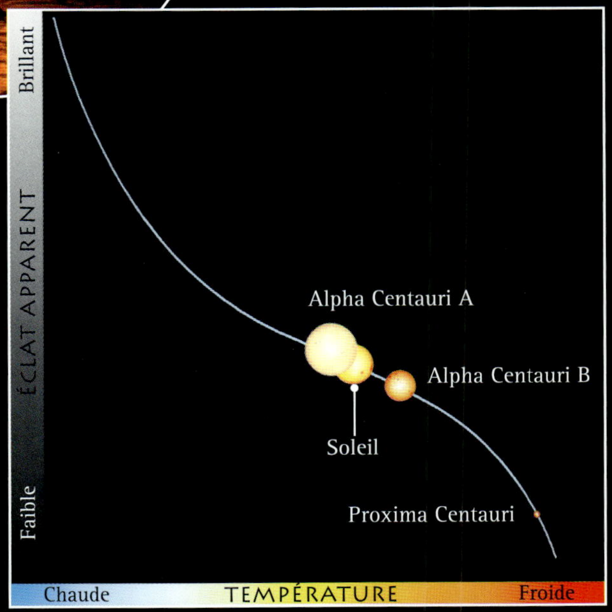

Nos voisines
Le système Alpha Centauri comporte trois étoiles : Alpha Centauri A, une naine jaune un peu plus grosse et plus chaude que le Soleil ; Alpha Centauri B, une naine orange, plus petite et plus froide que le Soleil ; et la naine rouge, très froide et faible, Proxima Centauri.

QUAND DEUX ÉTOILES SE RAPPROCHENT

LES ÉTOILES FORMANT un système binaire orbitent parfois si près l'une de l'autre qu'elles s'attirent mutuellement et se déforment, devenant ovoïdes. Dans l'exemple ci-dessous, une naine compacte arrache de la matière à sa compagne, une géante rouge. Le gaz ainsi attiré tourbillonne puis retombe sur la naine avide, ce qui peut déclencher parfois des explosions.

CONTACT *Le gaz prélevé à la géante rouge forme un disque tournant autour de la naine blanche.*

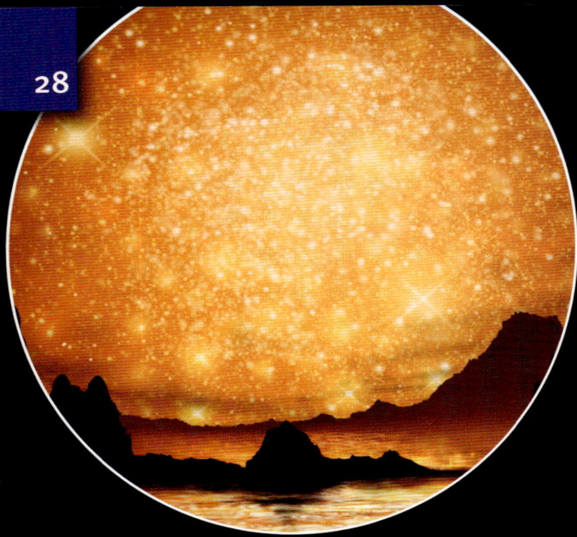

AMAS STELLAIRES

Les étoiles naissent souvent en groupe et demeurent ensemble quelques centaines de millions d'années avant de se disperser. Ces grappes assez lâches de dizaines ou de centaines de jeunes étoiles sont appelées « amas ouverts ». D'autres amas stellaires forment dans le ciel des sphères compactes d'un million d'étoiles ou plus, les « amas globulaires ». Ils contiennent de très vieilles étoiles et pourraient être des résidus de la formation de la Voie lactée, survenue il y a plus de 10 milliards d'années.

Pleins feux
D'une planète en bordure d'un amas globulaire, on verrait un ciel rempli par une boule d'étoiles aussi lumineuse que la pleine lune, scintillant de l'éclat de centaines de géantes, chacune aussi brillante que le sont Vénus et Jupiter dans notre ciel.

Amas globulaire
Près de 200 amas globulaires tournent autour de la Voie lactée. Le plus grand, Omega Centauri, contient 10 millions d'étoiles, cinquante fois plus serrées que celles situées dans la région de la Voie lactée que nous occupons.

Amas ouvert
Environ un millier d'amas ouverts, rassemblant chacun des centaines d'étoiles, parsèment les bras de notre galaxie. Beaucoup ressemblent à Messier 7, évoquant des pierres précieuses colorées, serties dans la Voie lactée.

COMMENT ÉVOLUENT LES AMAS?

UN AMAS RASSEMBLE des fourmis et des cigales. Les géantes bleues dilapident rapidement leur carburant, se transforment en géantes rouges avant de finir en naines blanches. Les étoiles jaunes comme le Soleil, plus froides, vieillissent plus lentement mais deviendront un jour à leur tour géantes rouges puis naines blanches. Les amas stellaires qui restent intacts assez longtemps ne contiennent plus que des naines vieilles et faibles.

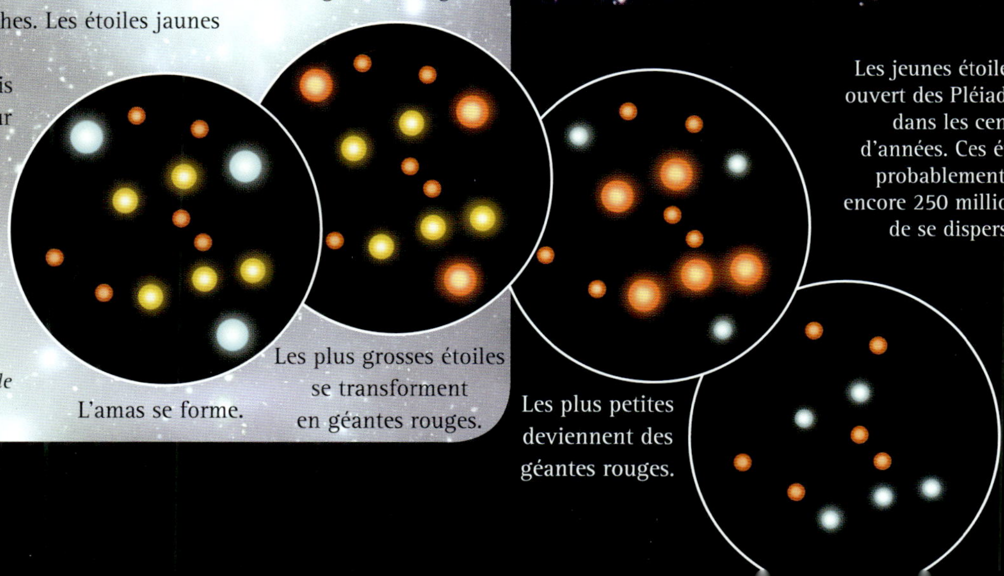

AMAS VIEILLISSANT
Les naines blanches sont de plus en plus nombreuses.

L'amas se forme.

Les plus grosses étoiles se transforment en géantes rouges.

Les plus petites deviennent des géantes rouges.

Seules subsistent des étoiles naines.

Les Pléiades
Les jeunes étoiles bleues de l'amas ouvert des Pléiades se sont formées dans les cent derniers millions d'années. Ces étoiles demeureront probablement groupées pendant encore 250 millions d'années avant de se disperser autour de notre galaxie.

Galaxie lenticulaire NGC 5866, située à 44 millions d'années-lumière dans la constellation du Dragon, évoque une galaxie spirale à bord convexe. Les bras spiraux sont invisibles, mais on peut observer un disque mince, souligné par une traînée sombre de poussières et entouré d'un halo d'étoiles faibles.

Galaxie irrégulière
M82, dans la Grande Ourse, est une étrange galaxie sans bras spiraux ni noyau elliptique. Des courants de gaz chauds fusent de son disque. Ils pourraient provenir d'explosions associées à des supernovae et à la formation d'étoiles dans le noyau.

MYSTÉRIEUX QUASARS

Dès sa formation, une galaxie contient un trou noir géant qui engloutit d'énormes quantités de matière. Une partie de la matière, toutefois, échappe au trou noir et se disperse dans des directions opposées, en faisceaux étroits. On appelle quasars les galaxies jeunes possédant des noyaux très énergétiques. Ce sont les objets les plus lointains et les plus brillants que nous puissions observer. Les galaxies proches, plus vieilles, abritent des noyaux actifs similaires mais beaucoup moins énergétiques.

ANGLES *Une galaxie active paraît plus ou moins brillante selon que ses faisceaux pointent vers la Terre ou s'en détournent.*

JET GALACTIQUE *Tout comme M87, de nombreuses galaxies se caractérisent par des jets de matière fusant de part et d'autre d'un trou noir central.*

LA VOIE LACTÉE

Parmi les milliards de galaxies, il en est une un peu particulière : c'est celle dans laquelle nous vivons. Le Soleil n'est qu'une étoile parmi les 400 milliards formant la Voie lactée. Il ne se trouve même pas au centre de cette galaxie spirale de taille moyenne, d'un diamètre de 100 000 années-lumière, mais dans l'un de ses bras mineurs, à mi-chemin entre le noyau et la bordure. Comme toutes les autres étoiles, il tourne autour du noyau, parcourant son orbite en 220 millions d'années environ.

ANATOMIE D'UNE GALAXIE

Notre galaxie est pourvue de deux bras principaux, qui partent des extrémités du noyau en forme de barre. Entre ces deux larges bras se trouvent deux bras plus petits, dont l'un abrite le Soleil. Au centre de la galaxie, à 26 000 années-lumière du Soleil, se cache un trou noir, d'une masse de quatre millions de soleils.

Bande lumineuse
Parce que nous vivons dans la Voie lactée, nous ne pouvons en voir que les bras qui nous enveloppent, dessinant dans le ciel une bande lumineuse un peu brumeuse. Notre galaxie tire son nom de la mythologie grecque, qui raconte qu'elle serait née du lait répandu par Heraclès (Hercule) nourrisson.

Vue sur la tranche
La Voie lactée est un disque d'étoiles. À l'endroit où nous vivons, elle n'est épaisse que de 2 000 années-lumière. Mais le noyau renflé, ou bulbe, constitué d'étoiles jaunes plus vieilles, mesure 20 000 années-lumière de haut en bas.

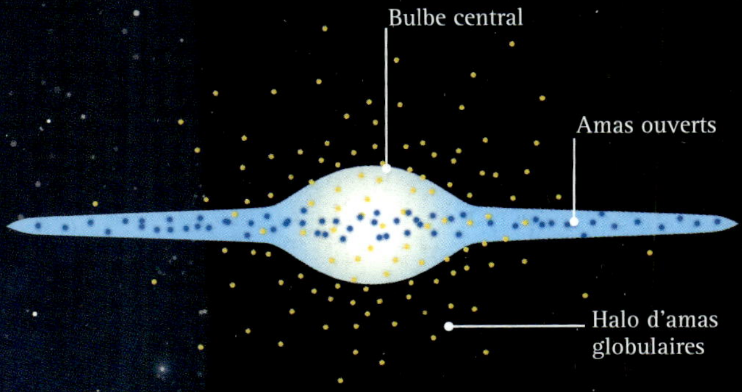

Amas stellaires
Des centaines de jeunes amas ouverts sont distribués dans le disque de la Voie lactée, le long de ses bras spiraux. Des amas globulaires, plus anciens, orbitent au-dessus et en dessous du disque, formant un halo.

Centre de la galaxie
Les télescopes observant dans l'infrarouge percent les nébuleuses sombres, dévoilant le noyau de la Voie lactée. Celui-ci forme une tache lumineuse et chaude parmi des nuages brillants de poussières et des milliers d'étoiles serrées.

Spirale déformée
Les images combinées de deux télescopes spatiaux révèlent que les bras d'Andromède ne sont pas en spirale mais circulaires. Ils ont sans doute été déformés par le passage d'une des galaxies compagnes d'Andromède.

Le Triangle

Distance : 2,8 milliards d'années-lumière
Diamètre : 50000 années-lumière
Type de galaxie : spirale normale
Nombre d'étoiles : 40 milliards
Caractéristique : pourrait être passée près d'Andromède

Galaxie naine de la Baleine À 2,5 millions d'années-lumière, contient de nombreuses géantes rouges

Galaxie naine sphéroïdale de Pégase À 2,7 millions d'années-lumière

Galaxie naine des Poissons Naine irrégulière qui pourrait orbiter autour de la galaxie du Triangle

Spirale colorée
Les images combinées des télescopes GALEX et Spitzer permettent de cartographier les nébuleuses rouges entourant les bras spiraux du Triangle, qui rayonnent dans l'infrarouge, et les étoiles bleues, chaudes, qui brillent fortement dans l'ultraviolet.

Deux galaxies se rapprochent.

Les galaxies tournent l'une autour de l'autre.

La gravité arrache des flots d'étoiles.

Les flots d'étoiles se dispersent et les noyaux fusionnent.

Une grande galaxie elliptique se forme.

Collisions intergalactiques
De nombreuses galaxies se forment à proximité les unes des autres. L'attraction gravitationnelle s'exerçant entre deux galaxies en couple peut les faire se heurter puis fusionner. Au cours de la collision, de longs serpentins d'étoiles peuvent être éjectés dans l'espace.

PREMIERS ASTRONOMES

Longtemps, la plupart des hommes ont cru que les étoiles n'étaient que des lumières suspendues juste au-delà de Saturne. Ce n'est qu'à partir du XVIIe siècle que les astronomes, dont Galilée, utilisant la lunette puis le télescope, commencèrent à réaliser à quel point ces objets étaient lointains. Au début du XVIIIe siècle, Isaac Newton calcula que les étoiles étaient au moins un million de fois plus éloignées que le Soleil. Au XIXe siècle, les Herschel, qui dressèrent le catalogue de milliers d'étoiles et de nébuleuses, démontrèrent que le Soleil n'est qu'une étoile au sein d'une vaste galaxie aplatie.

Galilée (1564-1642)
S'il n'a pas inventé la lunette astronomique, Galilée fut le premier à tourner ce nouvel instrument vers le ciel et à coucher par écrit ses découvertes. Il découvrit les cratères de la Lune, les lunes de Jupiter et aussi que la Voie lactée était constituée d'innombrables étoiles.

L'Univers de Ptolémée
L'astronome Claude Ptolémée, qui vécut à Alexandrie, en Égypte, au IIe siècle, est l'auteur d'un des rares ouvrages d'astronomie antiques qui nous soit parvenu. Ptolémée y avait inclus un catalogue d'étoiles et y affirmait que tout, dans l'espace, tournait autour de la Terre.

POSITION DE LA TERRE

Jadis, les hommes étaient convaincus que la Terre occupait une position privilégiée au centre de l'Univers et que le Soleil, les planètes et les étoiles tournaient tous autour d'elle. Au XVIIe siècle, les astronomes apportèrent les premières preuves que la Terre, ainsi que plusieurs autres planètes, orbitaient autour du Soleil.

Le système de Copernic
La vision géocentrique de Ptolémée ne fut pas remise en cause avant 1543, année où l'astronome polonais Nicolas Copernic publia un livre controversé : il y suggérait que c'était le Soleil, et non la Terre, qui se trouvait au centre du Système solaire.

~ TÉMOIGNAGE ~

RECENSEMENT CÉLESTE

JE COMMENÇAI EN 1782 à assister mon frère William et à explorer systématiquement le ciel avec nos télescopes, décrivant tous les objets remarquables que je voyais. À l'aide des petits télescopes, je pus découvrir huit comètes. Avec les grands réflecteurs, William a observé de nombreuses nébuleuses jusqu'alors inconnues. La nuit, je fais tout mon possible pour l'aider, reportant les coordonnées des étoiles et des objets qu'il annonce. Je suis reconnaissante d'avoir achevé le catalogue corrigé des 2 500 nébuleuses que nous avons découvertes, dont je suis sûre qu'il sera utile à mon neveu John qui poursuit nos observations du ciel.

CAROLINE HERSCHEL

Isaac Newton «découvre» la gravité
À la fin du XVIIe siècle, Isaac Newton formula des lois mathématiques décrivant comment les objets s'attiraient par la force de gravitation. Ces lois permettaient aussi de prédire le mouvement des comètes, des lunes et des planètes sur leurs orbites.

LES FIGURES DES CONSTELLATIONS

Toutes les civilisations ont imaginé que les étoiles brillantes du ciel dessinaient les silhouettes de héros, de créatures mythiques et d'objets ayant une grande place dans leur culture. Les récits concernant ces figures comptent parmi les légendes les plus anciennes. Les lignes des constellations constituent des guides commodes pour nous orienter dans le ciel. Tout comme la Terre est partagée en de nombreux pays, le ciel est divisé en 88 constellations. Douze d'entre elles, correspondant aux signes du zodiaque, se situent sur la trajectoire apparente du Soleil.

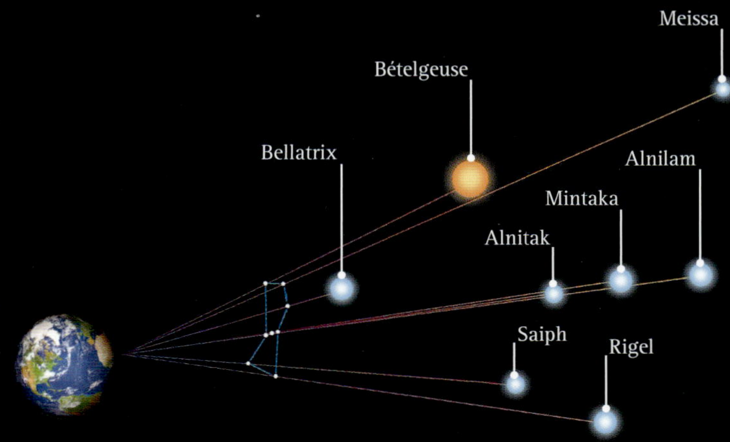

Constellation en 3D
Bien qu'elles semblent groupées, les étoiles d'une constellation se situent en réalité à des distances variées : certaines sont proches de nous, d'autres très éloignées. Observées d'un autre endroit de notre galaxie, ces étoiles formeraient des motifs différents de ceux que nous pouvons voir.

Aries, le Bélier
Les Égyptiens de l'Antiquité associaient ces étoiles à leur dieu Amon-Rê, à tête de bélier. La mythologie grecque évoque pour sa part un bélier à toison d'or, animal précieux gardé par le Dragon et dont le héros Jason et ses Argonautes entreprirent la quête.

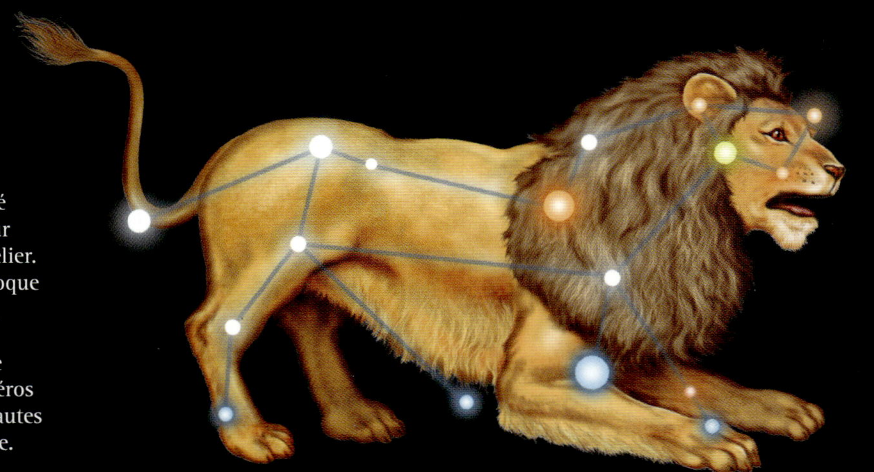

Leo, le Lion
Il y a 4000 ans, les Babyloniens voyaient un lion céleste dans cette région du ciel que nous appelons encore le Lion. Ce félin correspond, dans la mythologie grecque, à celui que terrassa le héros Héraclès (Hercule pour les Romains).

Scorpio, le Scorpion
Dans la mythologie grecque, cette constellation correspond au scorpion qui fut envoyé pour tuer Orion. Le dieu Zeus plaça l'homme et la bête ennemie dans deux régions opposées du ciel. Quand l'un se lève à l'est, l'autre se couche à l'ouest, de sorte qu'ils ne se rencontrent jamais.

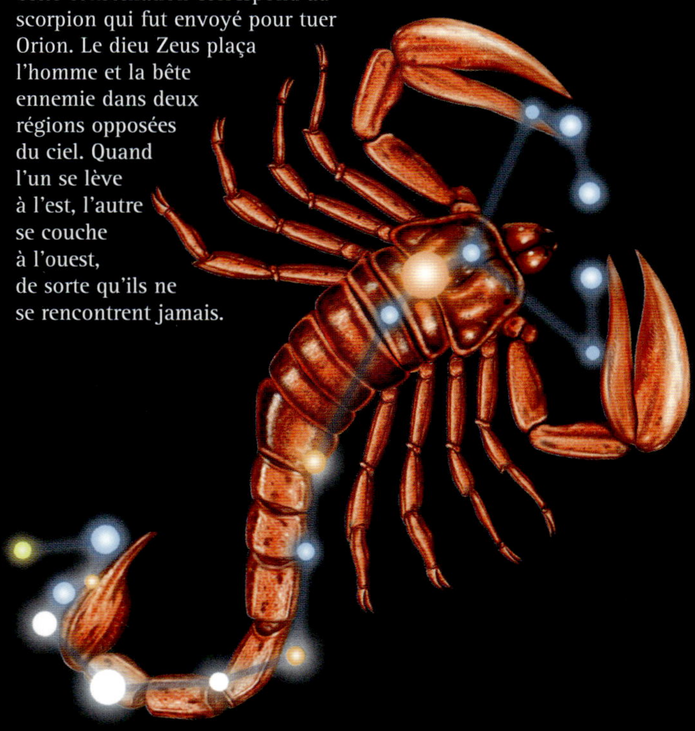

Taurus, le Taureau
Les Babyloniens, de même que les Égyptiens, voyaient dans ces étoiles la forme d'un taureau. À leur époque, le Soleil brillait dans le Taureau au printemps, or cet animal était associé aux rites de renouveau printanier. Pour les anciens Grecs, le Taureau représentait Zeus, le dieu des dieux.

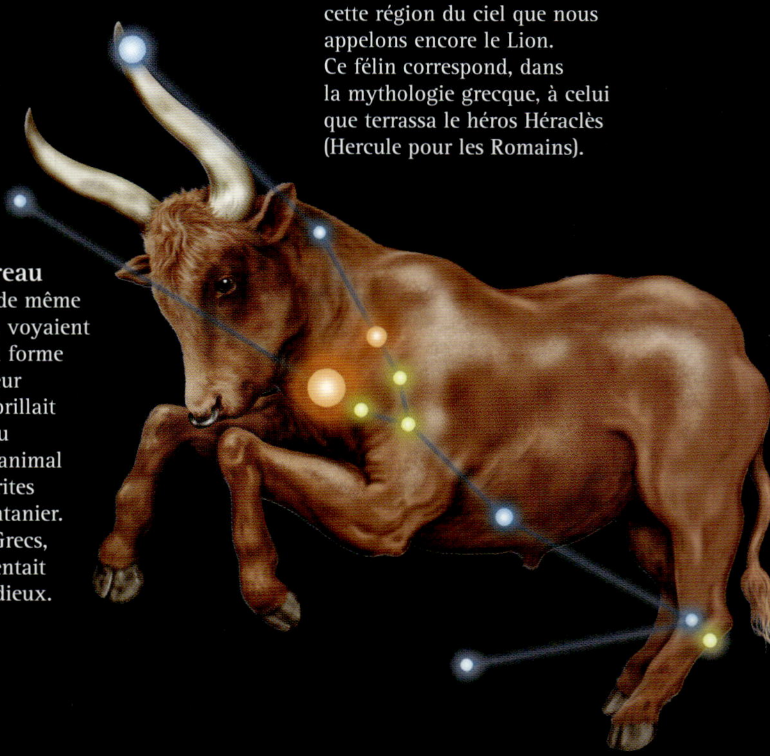

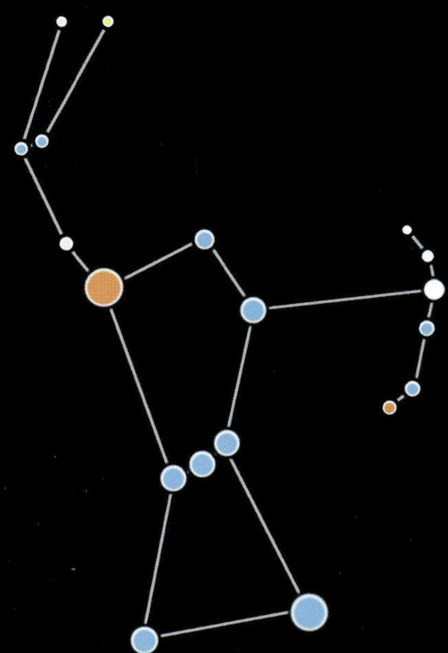

Reliez les points
Les cartes astronomiques anciennes figuraient les constellations par des dessins élaborés. Aujourd'hui, elles sont généralement représentées par des lignes joignant les étoiles principales. Orion est l'un des rares motifs dans lequel on retrouve facilement le personnage mythologique qui a donné son nom à la constellation.

Orion le chasseur
Pour les anciens Sumériens, ces étoiles incarnaient leur héros Gilgamesh combattant le Taureau céleste. Les Grecs reprirent cette légende, avec Orion représenté en chasseur céleste armé d'une massue et d'un bouclier. Trois étoiles alignées formaient sa ceinture.

VOYONS-NOUS LA MÊME CHOSE?

AU COURS DE L'HISTOIRE DE L'HUMANITÉ, aucune des étoiles brillant dans le ciel nocturne ne s'est suffisamment déplacée pour que la forme d'une constellation en soit modifiée. Mais pour chaque culture, ces étoiles ont évoqué des figures différentes. Là où nous voyons Orion le chasseur, les Égyptiens voyaient leur dieu Osiris. La même chose est vraie pour d'autres motifs, comme la Grande Ourse.

GRANDE OURSE
Pour les Grecs, ces étoiles figuraient Callisto, transformée en ourse par la déesse Héra, jalouse.

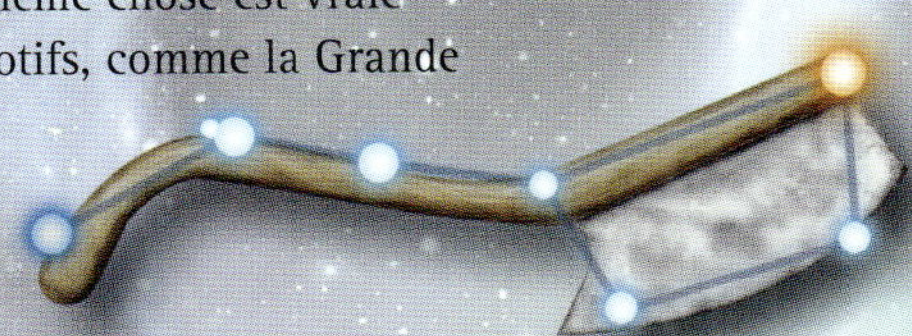

LA CHARRUE
Pour les Britanniques, les étoiles les plus brillantes de la Grande Ourse dessinent une charrue labourant sans fin les champs tandis qu'elle tourne autour de l'étoile Polaire.

GRANDE CASSEROLE
Les mêmes étoiles évoquent une casserole pour les Français, une cuillère à pot pour les Américains.

Le capitaine Cook

JAMES COOK :

NAVIGATEUR CÉLESTE

Je commence ainsi le journal de mes découvertes dans l'océan Pacifique. Si la Providence le veut, je jure d'aller plus loin qu'aucun homme n'est jamais allé avant moi, et aussi loin que je crois possible à un homme d'aller.

25 août 1768 Nous avons quitté l'Angleterre à bord de l'*Endeavour,* à destination d'une île mal connue dans le Pacifique. Nous trouverons notre route en observant le Soleil, la Lune et les étoiles. Leur position changeante nous indique notre situation sur Terre. Nous déterminons notre latitude – notre position nord ou sud – en observant la hauteur des astres au moyen de notre sextant de Ramsden. Mais la longitude – notre situation à l'est ou à l'ouest – exige de connaître l'heure, ce qui se révèle difficile en mer, faute d'horloge fonctionnant sur un navire qui tangue.

1er mai 1769 Après un long voyage autour du cap Horn et à travers le Pacifique Sud, nous avons navigué jusqu'à l'île de Tahiti. Nous avons installé ce jour notre observatoire comprenant nos télescopes grégoriens, un quadrant astronomique fabriqué par M. Bird et une admirable horloge à pendule de M. Shelton. Nous sommes ici pour observer le passage de la planète Vénus devant la face du Soleil. En notant l'heure du début et de la fin du transit, les astronomes espèrent déterminer la distance de la Terre au Soleil, qui n'est pas encore connue avec exactitude.

3 juin La journée s'est révélée favorable à notre projet. Pas un nuage n'a été vu de tout le jour, ce qui nous a permis d'observer la totalité du transit de Vénus.

6 août Dans l'île voisine de Raiatea, les habitants nous ont montré les grands canoës avec lesquels ils parcourent des centaines de lieues d'île en île, avec pour seule boussole le Soleil le jour, la Lune et les étoiles la nuit. Nous sommes bien en peine de savoir comment ils accomplissent une telle navigation sans instruments comme les nôtres.

« Nous déterminons notre latitude en observant la hauteur des astres. »

13 juillet 1771 Nous avons enfin débarqué à Londres, après un voyage de trois ans, ayant cartographié les îles de Nouvelle-Zélande et la côte est de la terre appelée Nouvelle Hollande [l'Australie].

25 juin 1772 J'ai pris congé de ma famille qui doit endurer mon absence

Quadrant

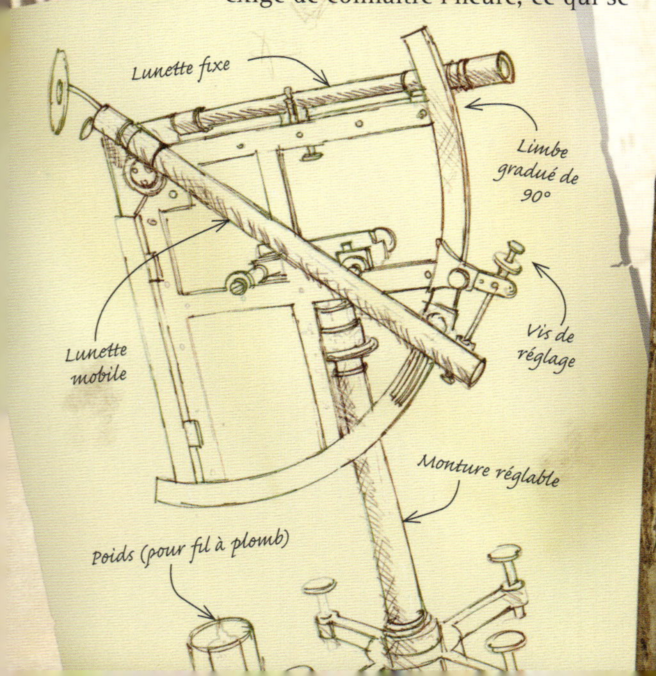

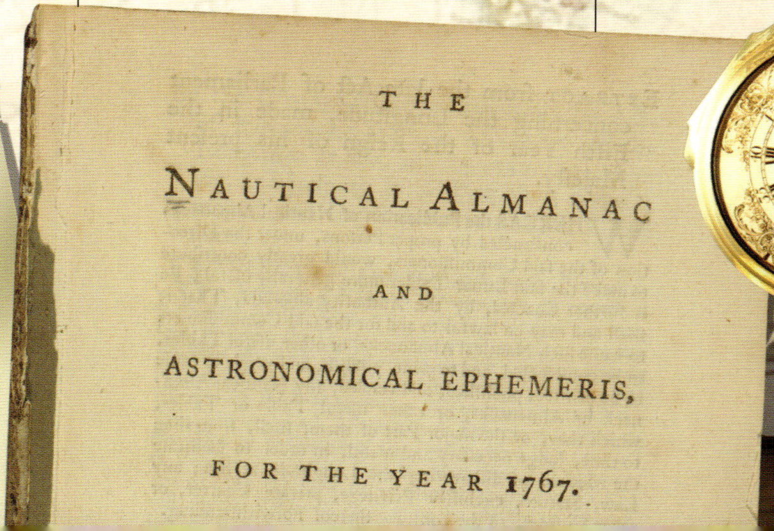
THE
NAUTICAL ALMANAC
AND
ASTRONOMICAL EPHEMERIS,
FOR THE YEAR 1767.

Chronomètre de Harrison

L'*Endeavour,* le navire de Cook

Transit de Vénus

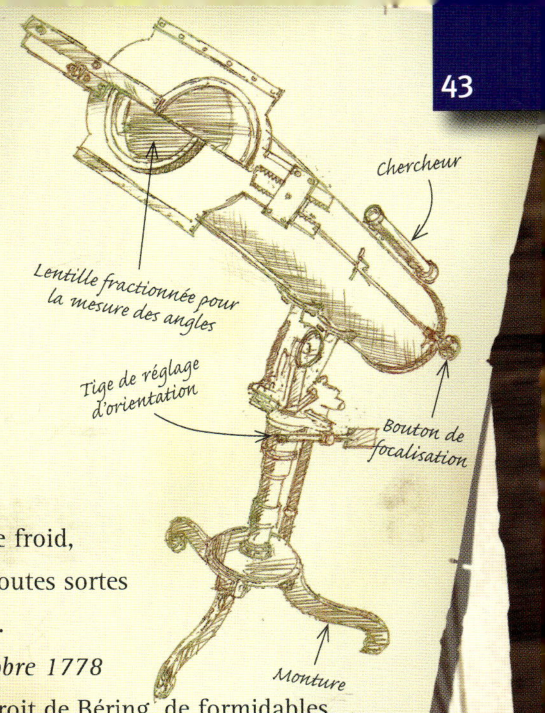

Télescope grégorien

pour trois autres années, car j'embarque pour un deuxième voyage, en quête du continent austral. Je ne crois pas que de telles terres puissent exister sinon très loin au sud. Aussi ferai-je voile à des latitudes plus australes que cela n'a jamais été réalisé. Pour ce voyage, je commande un bon navire, le *Resolution*.

29 octobre Nous avons abordé au Cap, en Afrique du Sud, afin de vérifier un nouveau garde-temps que nous essayons. Cette montre [un chronomètre], exemplaire d'une machine construite par M. Harrison, s'est comportée au-delà de nos attentes, nous permettant de calculer notre longitude avec une précision auparavant impossible en mer.

17 janvier 1773 Nous avons atteint ce jour le cercle antarctique, premier navire ayant jamais franchi cette ligne.

7 janvier 1774 Nous avons observé la position de la Lune, comme autre moyen de déterminer l'heure. *L'Almanach nautique* nous dit à quelle heure la Lune sera proche de certaines étoiles. Une fois de plus, la montre se révèle exacte. Nous ne pouvons nous tromper sur notre position tant que nous avons un aussi bon guide que cette nouvelle montre.

« Cette montre… s'est comportée au-delà de nos attentes. »

17 décembre Ayant navigué dans tout l'océan Austral, je peux me flatter que nul ne pourra penser que j'en ai laissé une quelconque partie inexplorée.

11 juin 1776 Mon séjour en Angleterre auprès de ma famille ne fut que trop bref avant un troisième voyage pour localiser le passage du Nord-Ouest dans l'océan Arctique. Si je ne peux revenir chez nous par le pôle Nord, j'espère au moins déterminer si le passage est pratique. Dans le Nord, nous attendent le froid, la faim et toutes sortes de rigueurs.

26 octobre 1778 Dans le détroit de Béring, de formidables masses de glace de mer ont bloqué notre route. J'ai jugé imprudent d'effectuer de nouvelles tentatives pour découvrir un passage cette année. Nous faisons voile vers le sud, vers les îles que j'ai découvertes plus tôt cette année, Hawaii, au climat délicieux, où les habitants nous traitent comme des dieux.

Horloge astronomique de Shelton

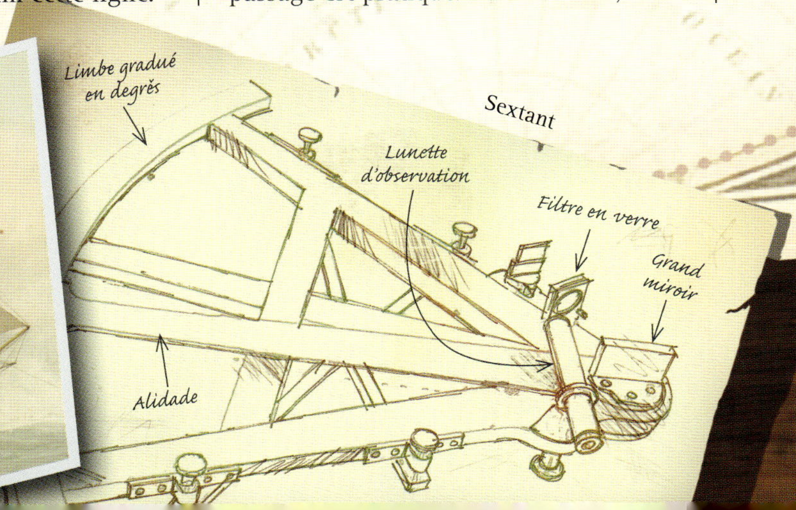

Sextant

OBSERVATOIRES ET TÉLESCOPES

Les étoiles sont si lointaines que les hommes ne peuvent s'y rendre ni y envoyer des sondes spatiales. Pour les connaître, il nous faut observer la lumière qui nous en parvient. Depuis Galilée, les astronomes utilisent des instruments grossissants pour explorer les étoiles, les galaxies et les nébuleuses. Au fil des siècles, les ingénieurs ont construit des télescopes toujours plus grands, capables de collecter davantage de lumière et de voir des objets plus faibles, plus loin dans l'espace. Aujourd'hui, on envisage des télescopes pourvus de miroirs quatre à cinq fois plus grands que ceux qui sont en usage.

QUI A UTILISÉ LA PREMIÈRE LUNETTE?

LA LUNETTE GROSSISSANTE fut inventée aux Pays-Bas, en 1608. En juillet 1609, l'Anglais Thomas Harriot utilisait pour la première fois cet instrument pour observer la Lune. Mais l'Italien Galilée fut le premier à publier les découvertes qu'il avait faites au moyen d'une lunette. Sa lunette astronomique était équipée d'une lentille de 37 mm de diamètre, grossissant vingt fois. La plupart des télescopes qu'utilisent aujourd'hui les débutants sont bien plus performants.

LUNETTE ITALIENNE *La première lunette astronomique de Galilée est conservée dans un musée de Florence, en Italie.*

Télescopes géants
Les quatre télescopes optiques géants composant le VLT européen sont abrités dans des observatoires qui s'ouvrent et pivotent pour permettre l'exploration de n'importe quelle région du ciel.

L'œil de Gemini
Comme tous les grands télescopes optiques, Gemini utilise des miroirs pour collecter et concentrer la lumière. Son miroir principal mesure 8 m de diamètre – la largeur d'une maison. Les plus grands télescopes sont équipés de miroirs composés de nombreuses pièces.

Télescopes d'altitude
Les grands observatoires sont édifiés sur de hautes montagnes, au-dessus des nuages et de l'agitation de l'atmosphère. Le Mauna Kea, haut volcan d'Hawaii, abrite plusieurs des plus grands télescopes, dont Gemini, au premier plan.

Radiotélescope d'Arecibo
Installé sur l'île de Porto Rico, le plus grand radiotélescope du monde est équipé d'un réflecteur sphérique de 300 m de diamètre – il pourrait contenir trois terrains de football. Le télescope suit les objets grâce à une antenne réceptrice mobile, perchée au-dessus du réflecteur fixe.

PARABOLES MOBILES

Les astronomes captent les ondes radio provenant de l'espace grâce à des réflecteurs géants comme ceux du Very Large Array (VLA) installé dans le désert du Nouveau-Mexique, aux États-Unis. Les 27 paraboles du VLA s'orientent vers n'importe quel secteur du ciel et se déplacent le long d'un réseau de rails (ci-dessous) pour former un seul télescope de plusieurs kilomètres de diamètre.

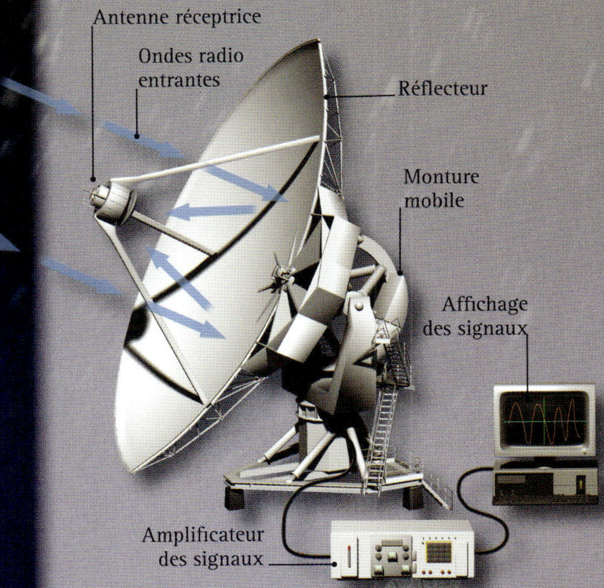

À l'écoute des étoiles
Les réflecteurs métalliques captent les ondes radio et les concentrent sur une antenne réceptrice, située au foyer du réflecteur. L'antenne convertit les ondes en signaux, qui sont amplifiés, enregistrés et affichés sous forme de spectre ou d'« image radio ».

OBSERVATION SPATIALE

Même avant le lancement de Spoutnik, le premier satellite artificiel, en 1957, les astronomes étaient conscients qu'ils pourraient en apprendre beaucoup plus sur l'Univers s'ils disposaient de télescopes dans l'espace. Les images des instruments installés sur Terre sont souvent obscurcies par l'atmosphère qui, de plus, bloque de nombreux types de rayonnements émis par les objets célestes, comme l'infrarouge et les rayons X. Les télescopes spatiaux, en revanche, offrent des images plus nettes. Et en combinant leurs clichés pris sur l'ensemble du spectre, les astronomes disposent d'une vue complète de l'Univers.

L'EXTÉRIEUR DE HUBBLE

Hubble, qui porte le nom d'un astronome américain du xxe siècle, est le plus célèbre des télescopes spatiaux. Il fait le tour de la Terre en 97 minutes, à 560 km d'altitude. Les images très nettes et les données qu'il recueille sont retransmises par des paraboles vers des centres de contrôle terrestres.

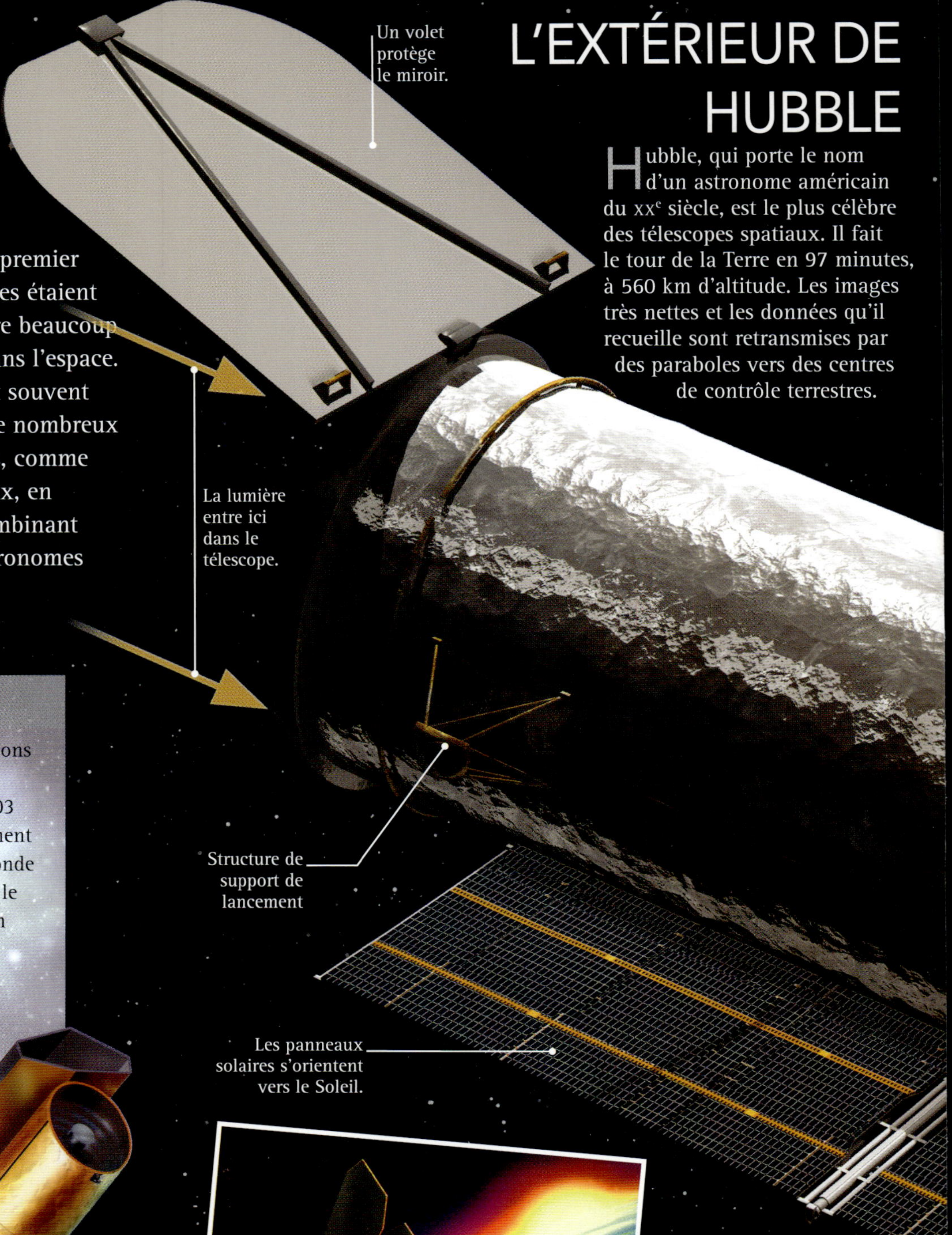

POUPONNIÈRE *Spitzer peut voir toutes les étoiles nouvelles au sein de cette nébuleuse poussiéreuse.*

TÉLESCOPE SPITZER

POUR COMPLÉTER les observations de Hubble, la NASA, l'Agence spatiale américaine, a lancé en 2003 un télescope sensible au rayonnement infrarouge de grande longueur d'onde émis par les objets froids. Portant le nom de l'astrophysicien américain Lyman Spitzer, le premier à avoir proposé la mise en orbite de télescopes, l'instrument scrute les profondeurs des nébuleuses : nous savons ainsi comment naissent les étoiles.

ŒIL INFRAROUGE *Le miroir de Spitzer, de 85 cm de diamètre, concentre la lumière infrarouge sur des capteurs électroniques.*

GALEX
Le satellite d'exploration de l'évolution galactique de la NASA détecte le rayonnement ultraviolet émis par les étoiles géantes chaudes. Il observe ces étoiles dans les vieilles galaxies proches comme dans des galaxies plus jeunes et plus lointaines, pour nous renseigner sur l'évolution de la formation des étoiles.

Voir la totalité du spectre
Nos yeux ne voient que dans les longueurs d'onde allant du rouge au violet. Les télescopes terrestres captent en plus les ondes radio. Les télescopes spatiaux détectent les rayonnements sur la totalité du spectre, des micro-ondes aux rayons gamma, les ondes les plus courtes.

Radiotélescopes

Planck

Spitzer

ONDES RADIO MICRO-ONDES INFRAROUGE

Hubble en réparation

Au cours de la cinquième et dernière révision de Hubble, en mai 2009, des astronautes sont venus installer deux nouveaux instruments, en ont réparé deux autres et ont remplacé gyroscopes et batteries, afin que Hubble puisse encore opérer pendant de nombreuses années.

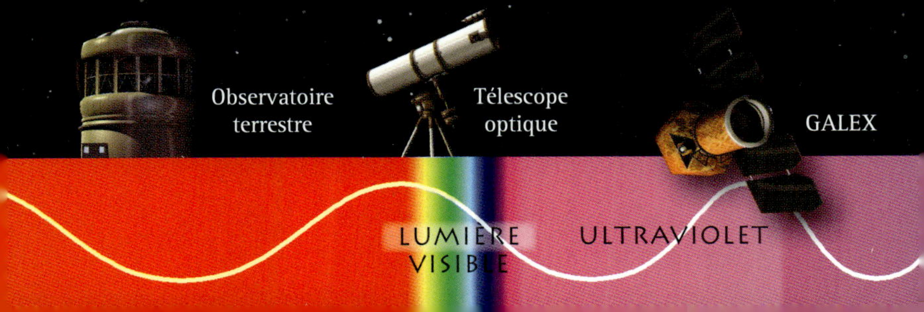

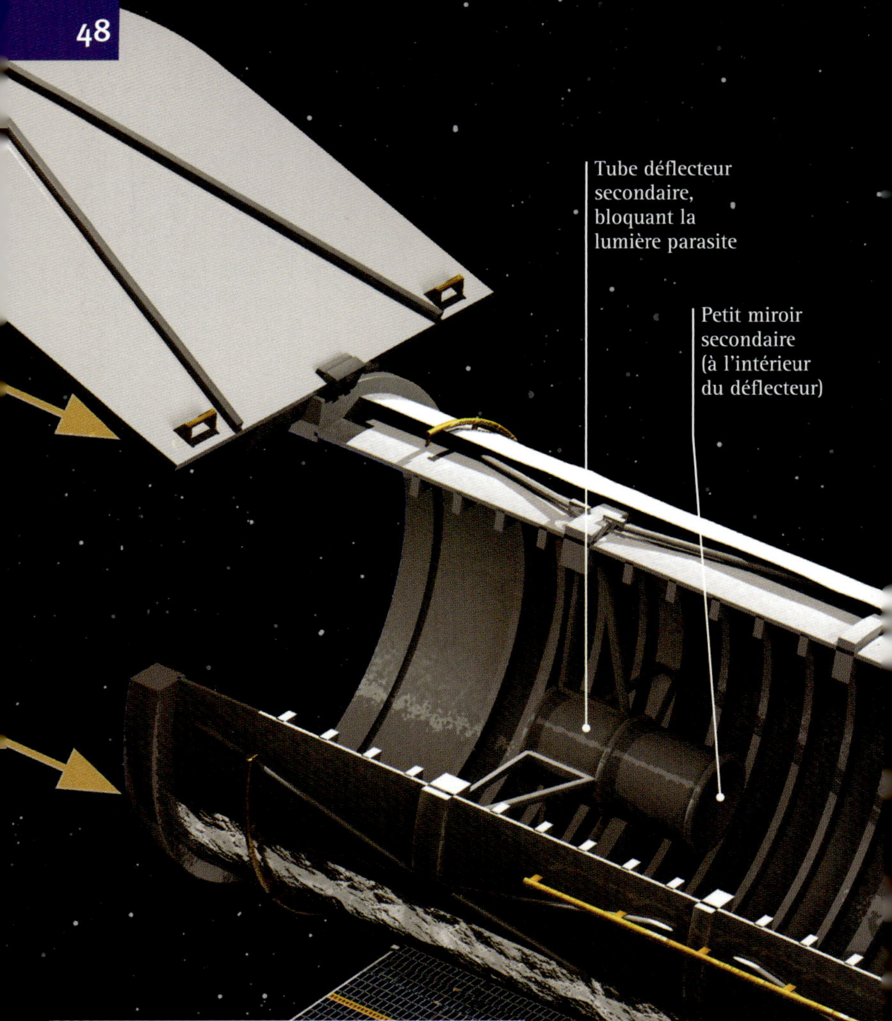

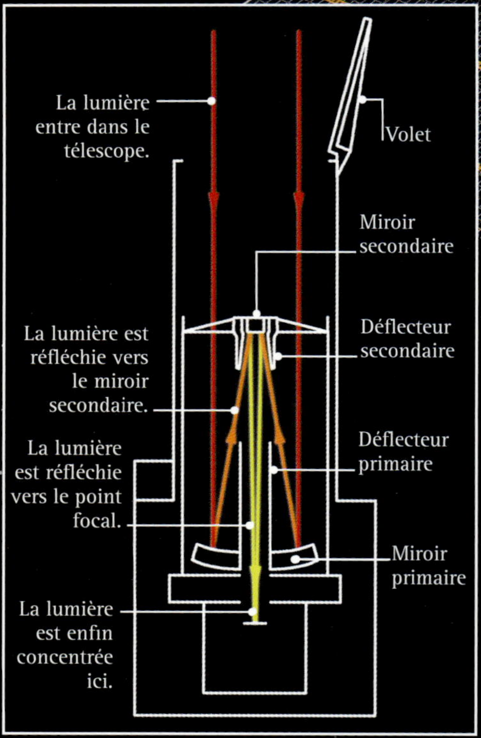

Concentrer la lumière

Le miroir primaire concave collecte la lumière et la réfléchit vers un petit miroir secondaire, lequel renvoie la lumière pour la concentrer vers l'arrière du télescope, où sont situés les instruments scientifiques.

MICRO-ONDES

INFRAROUGE

L'INTÉRIEUR DE HUBBLE

Hubble est équipé d'un miroir primaire de 2,40 m de diamètre. Les contrôleurs de la mission, sur Terre, commandent l'orientation du télescope vers l'objet souhaité. Une fois celui-ci ciblé, des capteurs de guidage le suivent. Ainsi, Hubble peut prendre des images en pose longue tout en tournant autour de la Terre.

Image complète
Cette image de la galaxie de la Roue à Vent combine une vue infrarouge (rouge) due à Spitzer, révélant les bras spiraux poussiéreux et froids, une image en lumière visible (jaune) prise par Hubble et une autre en rayons X (bleu) obtenue par le télescope spatial Chandra, qui observe des objets chauds tels que des supernovae et des trous noirs.

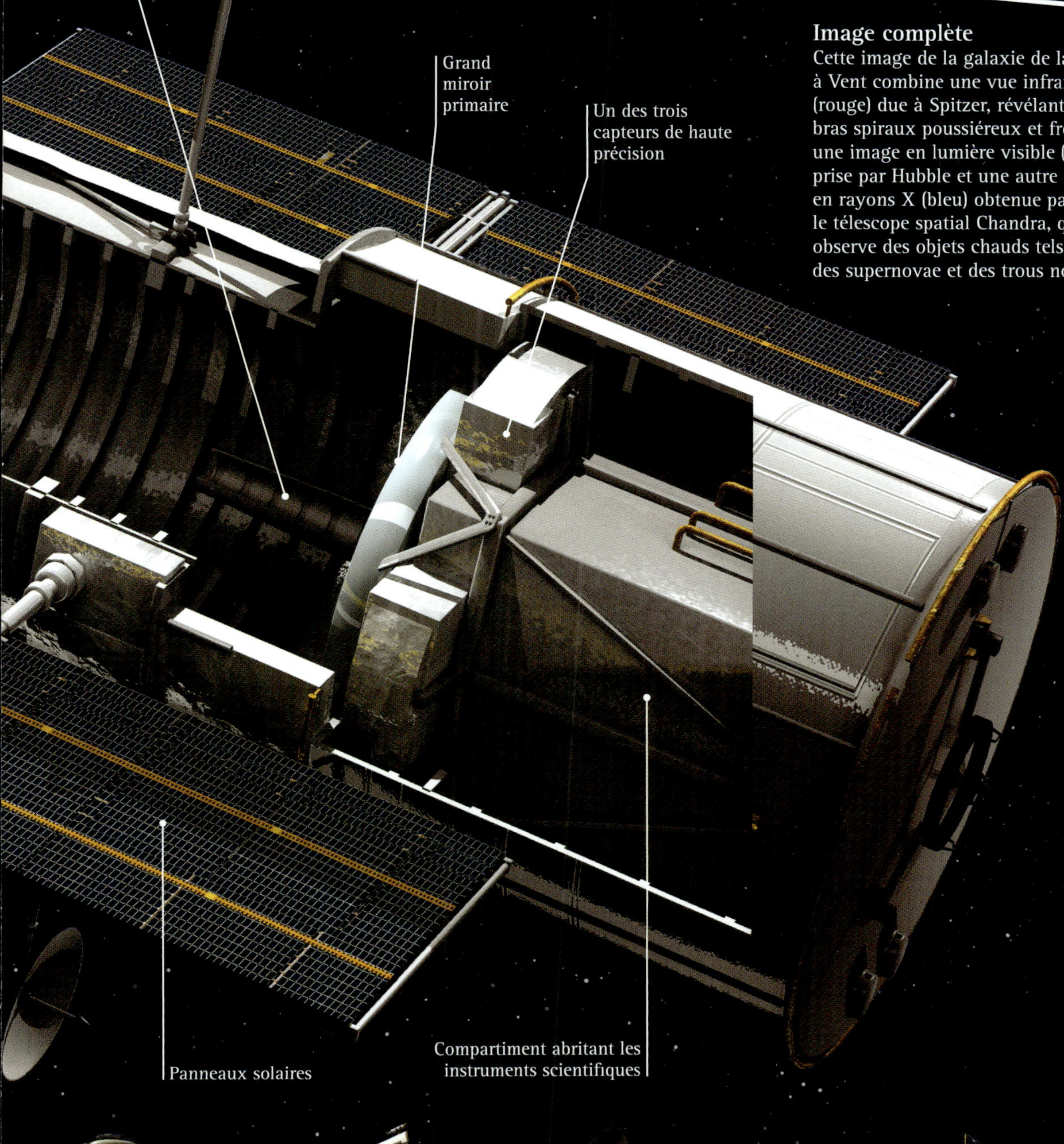

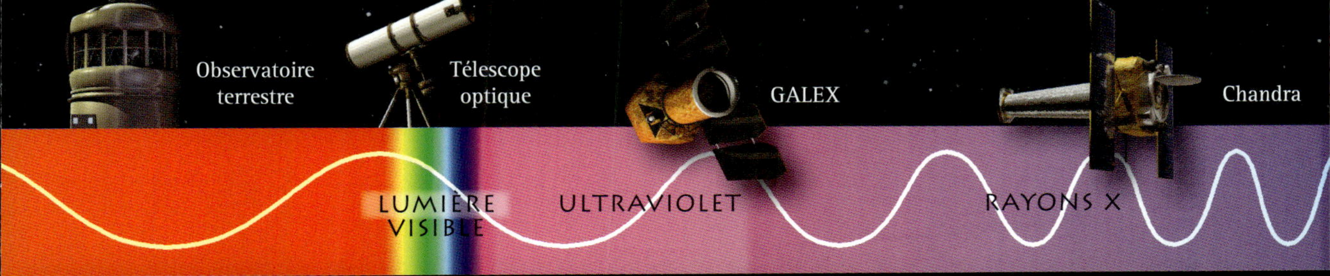

INSTRUMENTS DE HUBBLE

Hubble embarque cinq instruments. Quatre sont des boîtes grosses comme des cabines téléphoniques, qui coulissent à l'intérieur du compartiment arrière ; la caméra à large champ, en forme de piano, s'insère juste derrière le miroir primaire. Trois de ces cinq instruments sont des caméras, deux sont des spectromètres qui décomposent la lumière en un spectre de couleurs. Hubble abrite également trois capteurs de guidage, qui peuvent aussi prendre des images. Tous les instruments enregistrent images et spectres sur des puces électroniques semblables à celles des appareils photo numériques.

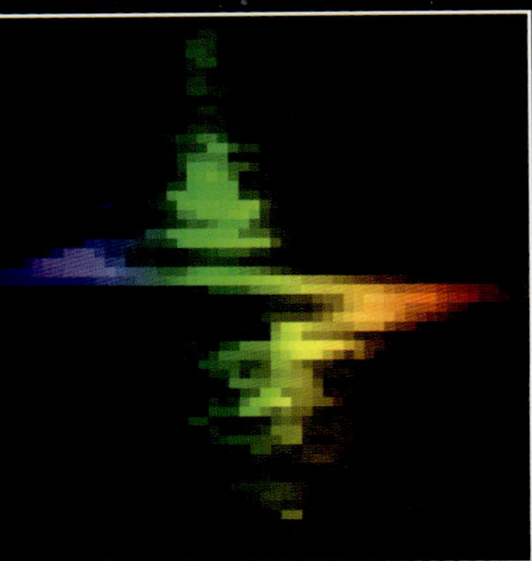

Chasseur de trous noirs
Le spectromètre imageur du télescope spatial (STIS en anglais) traque les trous noirs au centre des galaxies. Plusieurs indices le guident : le gaz s'éloignant de nous d'un côté du trou noir émet une lumière décalée vers le rouge tandis que le gaz tourbillonnant dans notre direction émet une lumière décalée vers le bleu.

Cartographie de l'espace galactique
La lumière émise par un quasar traverse de nombreux nuages de gaz avant de parvenir à la Terre. Chaque nuage absorbe une partie de cette lumière ; plus le nuage est éloigné, plus la couleur qu'il absorbe tire vers le rouge. Le STIS et le spectromètre des origines cosmiques (COS) cartographient ces nuages en analysant les spectres des quasars.

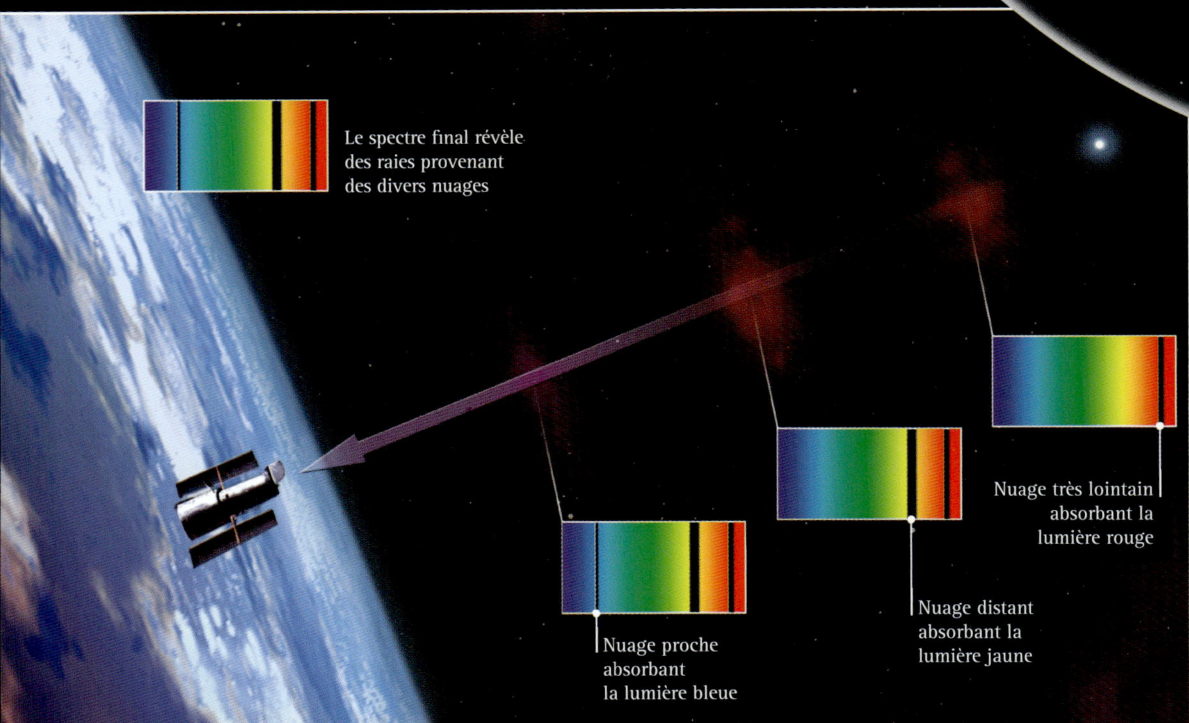

Un nouvel œil perçant

En mai 2009, les astronautes ont remplacé l'ancienne caméra installée sur le flanc de Hubble par une nouvelle caméra à large champ (WFC3), qui non seulement offre une meilleure résolution mais aussi peut voir dans l'ultraviolet et l'infrarouge.

Surveillance des sursauts gamma

Lancé en 2004, le satellite Swift de la NASA traque les sursauts de rayons gamma, explosions lumineuses très puissantes mais très brèves. Dès qu'il en détecte un, il alerte automatiquement d'autres télescopes afin qu'ils puissent identifier la source de ces mystérieux rayons.

Premières images

Les astronomes ont été très excités de constater que les premières images de WFC3 étaient effectivement bien meilleures que toutes celles qu'avait livrées Hubble jusqu'alors. De gauche à droite, à partir du haut : la nébuleuse planétaire du Papillon, les galaxies du Quintette de Stephan ; une partie de la nébuleuse de la Carène ; le noyau de l'amas globulaire Omega Centauri.

Lancement de Hubble

Hubble a été mis en orbite le 24 avril 1990, par la navette spatiale *Discovery*. Les scientifiques ayant découvert que le miroir principal était défectueux, des astronautes furent envoyés dans l'espace en 1993. Ils installèrent des optiques correctrices pour rendre à Hubble sa vue perçante.

ET APRÈS HUBBLE ?

LE TÉLESCOPE Herschel, mis en orbite en 2009 par l'Agence spatiale européenne, est équipé d'un miroir de 3,50 m de diamètre. La NASA construit actuellement le télescope spatial James Webb, doté d'un miroir de 7 m de diamètre : plus de deux fois celui de Hubble. Ces deux instruments travailleront dans l'infrarouge. D'ici à la prochaine décennie, des flottes de télescopes volant en formation pourraient combiner leurs images pour nous donner une vue détaillée des planètes en orbite autour d'autres étoiles.

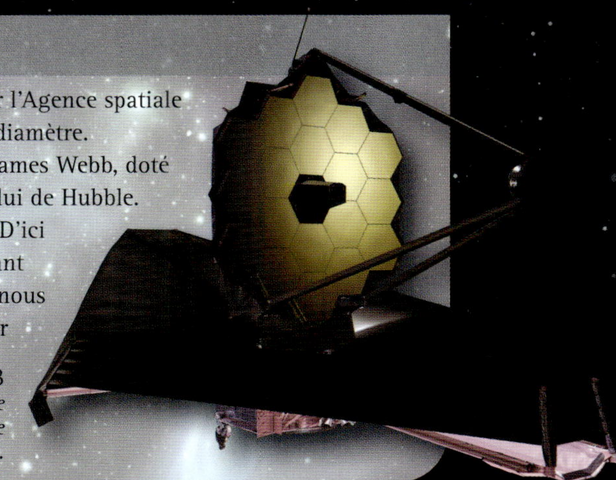

TÉLESCOPE SPATIAL JAMES WEBB
Le miroir de ce télescope, qui devrait être lancé en 2014, est si grand qu'il ne pourra être déployé que dans l'espace.

Swift

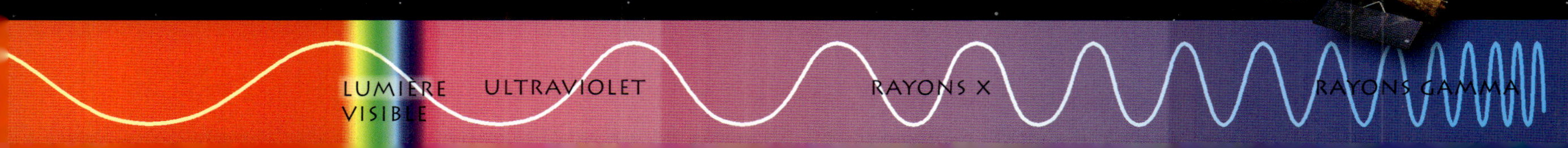

ÉTOILES PROCHES : PARALLAXE

Tandis que la Terre tourne autour du Soleil, les étoiles les plus proches semblent se déplacer par rapport aux plus lointaines, du fait de notre changement de position. En mesurant l'angle de ce déplacement – la parallaxe –, il est possible de calculer la distance de l'étoile observée.

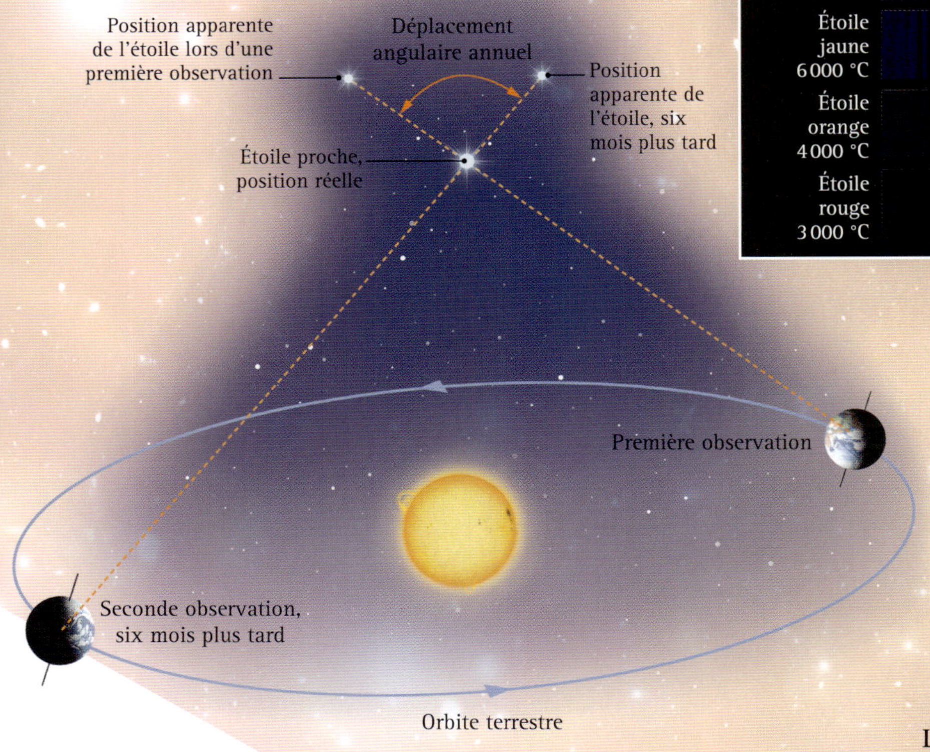

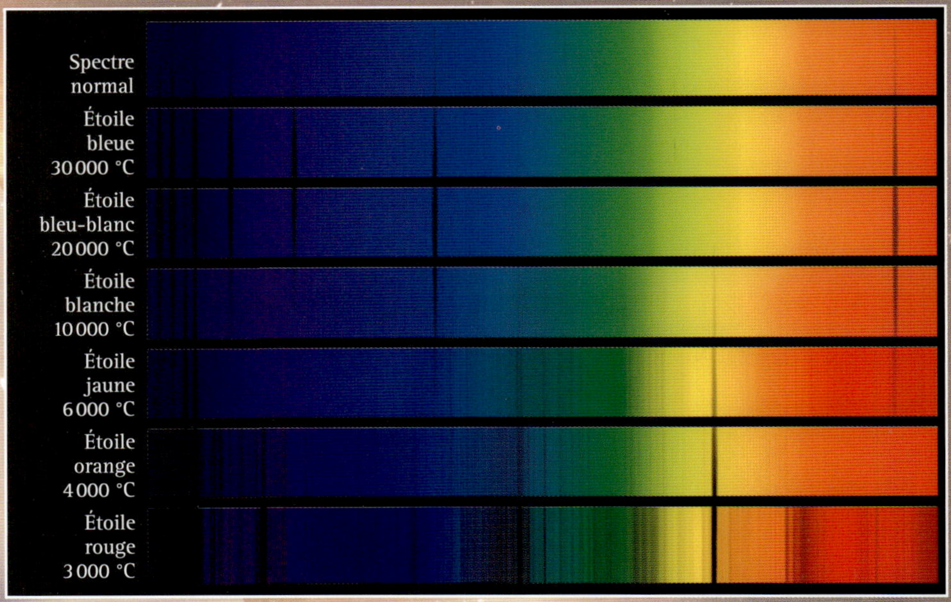

ÉTOILES DISTANTES : SPECTRES

Deux étoiles ayant le même type de spectre sont de température, de taille et d'éclat absolu semblables. Aussi, si l'une apparaît plus faible dans le ciel, c'est qu'elle doit être plus lointaine. La loi de l'inverse du carré permet alors de calculer de quelle distance elle est plus éloignée.

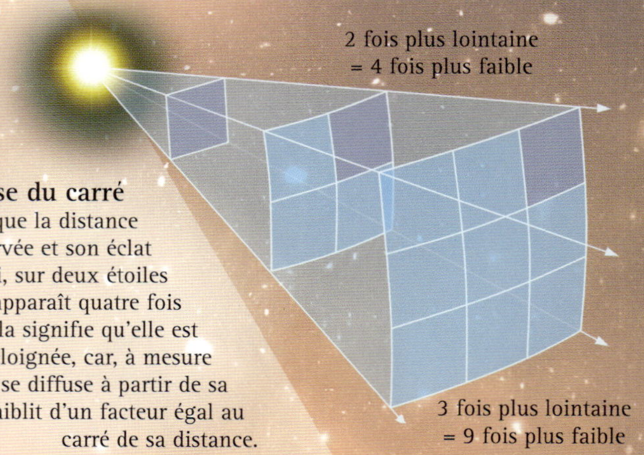

Loi de l'inverse du carré
La parallaxe indique la distance de l'étoile observée et son éclat absolu (réel). Si, sur deux étoiles similaires, l'une apparaît quatre fois plus faible, cela signifie qu'elle est deux fois plus éloignée, car, à mesure que la lumière se diffuse à partir de sa source, elle faiblit d'un facteur égal au carré de sa distance.

PROCHES ET

LOINTAINES

Pour comprendre les étoiles, les galaxies et l'Univers tout entier, les astronomes doivent déterminer à quelle distance se trouvent les objets observés. À travers un télescope, une étoile proche, petite et faible peut ressembler à une étoile énorme et brillante mais lointaine. Pour connaître la distance réelle d'une étoile ou d'une galaxie, les astronomes recourent à quatre méthodes, qui correspondent à autant d'étapes nous éloignant de la Terre.

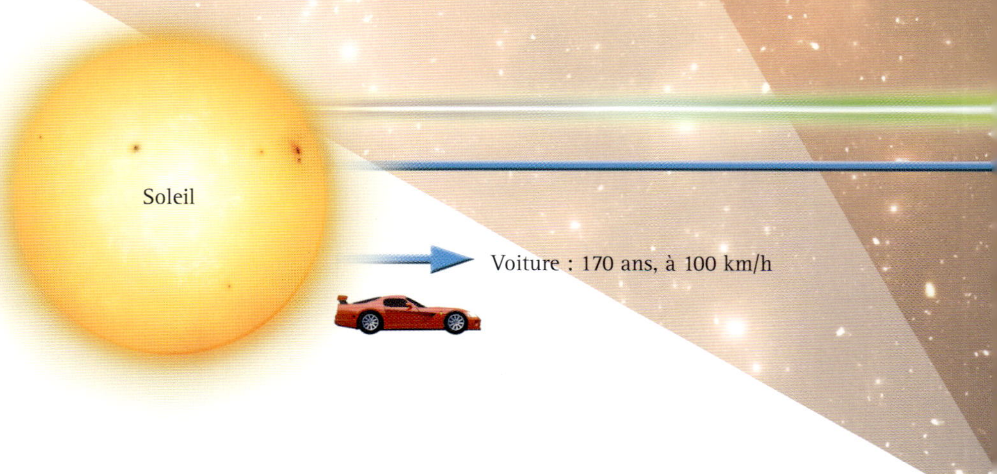

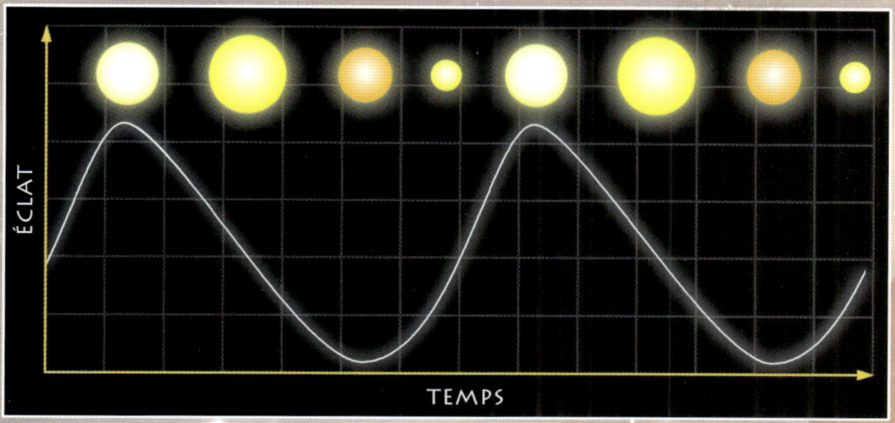

GALAXIES PROCHES : ÉTOILES VARIABLES

Les céphéides sont des étoiles dont l'éclat apparent varie régulièrement. Celui-ci varie sur une période d'autant plus grande que l'éclat absolu de l'étoile est élevé. En mesurant cette période, on peut donc déterminer l'éclat absolu de l'étoile, puis sa distance.

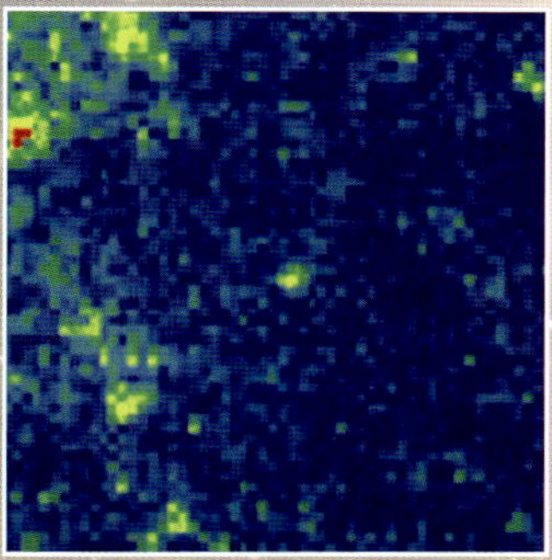

Céphéide à son minimum

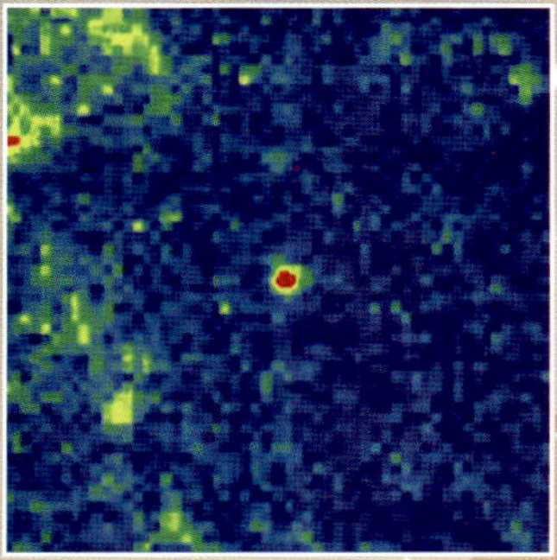

Céphéide à son maximum

En quête de céphéides
Dès lors qu'ils découvrent des céphéides dans une galaxie, les astronomes peuvent mesurer la distance de cette dernière. La méthode de calcul par les céphéides joue un rôle essentiel pour la mesure de la taille de l'Univers et de sa vitesse d'expansion.

GALAXIES DISTANTES : DÉCALAGE VERS LE ROUGE

L'expansion que connaît l'Univers depuis le big bang fait s'éloigner les galaxies les unes des autres. Ce mouvement étire les ondes lumineuses. Les raies caractérisant le spectre d'une galaxie distante apparaissent décalées vers le rouge : plus la galaxie est lointaine, plus ce décalage est grand.

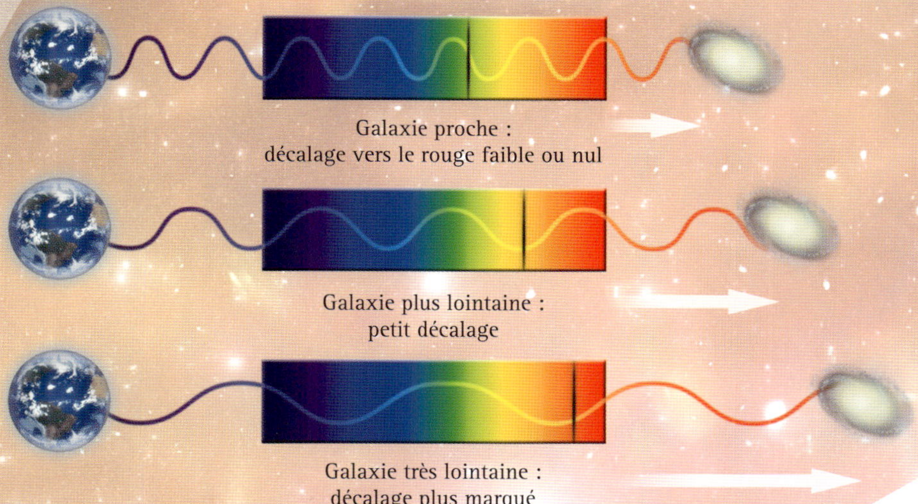

Galaxie proche : décalage vers le rouge faible ou nul

Galaxie plus lointaine : petit décalage

Galaxie très lointaine : décalage plus marqué

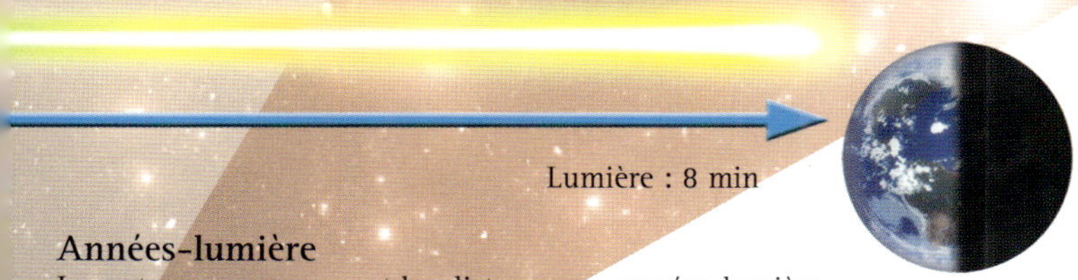

Terre

Années-lumière
Les astronomes mesurent les distances en années-lumière. Une année-lumière égale la distance que parcourt la lumière, qui se déplace à 300 000 km/h, en une année. La lumière du Soleil nous parvient en 8 min. Il faudrait 170 ans à une voiture pour couvrir la même distance.

PEUT-ON VOIR BOUGER LES ÉTOILES ?

ÉTOILE RAPIDE *Trois images, prises sur quatre ans, montrent le déplacement dans le ciel de l'étoile de Barnard.*

TOUTES LES ÉTOILES de la Voie lactée, y compris le Soleil, orbitent autour du noyau de la galaxie. Ce mouvement entraîne un changement de leur position apparente dans le ciel. Toutefois, même le déplacement des étoiles les plus proches du Soleil est si infime qu'il ne peut être détecté qu'à l'aide d'un télescope. Observer à l'œil nu la transformation des constellations demanderait des dizaines de milliers d'années.

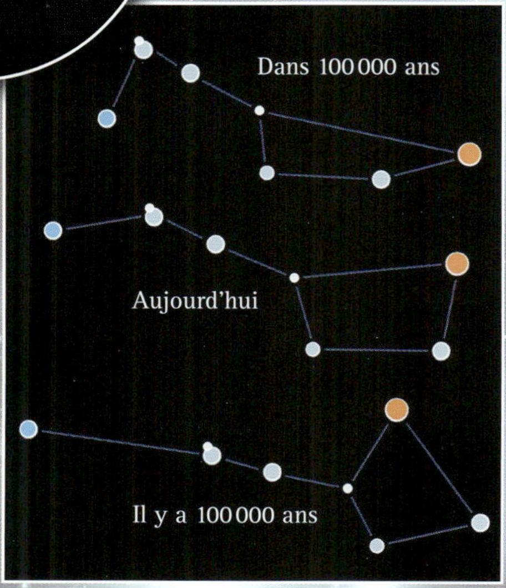

OURSE CHANGEANTE
Le mouvement des étoiles modifie très lentement la forme des figures telles que la Grande Ourse.

MYSTÈRES STELLAIRES

Bien que les astronomes étudient les étoiles depuis des siècles, plus on explore l'espace, plus on découvre des objets étranges, ne correspondant pas à ce qu'on croyait savoir. Les astronomes ont par exemple mis en évidence une nouvelle classe d'objets « nains » de faible masse, trop gros pour être des planètes mais trop petits pour être des étoiles normales. Les étoiles géantes très massives éjectent quant à elles de la matière et explosent selon des schémas bien plus complexes qu'on ne le pensait. Les objets les plus mystérieux, les trous noirs, défient les théories de la physique.

Étoile donneuse
Une grande étoile chaude, normale

Naines brunes
Quelle est la taille minimale d'une étoile ? Les naines brunes sont trop petites pour brûler de l'hydrogène mais trop chaudes pour être des planètes. Faibles, elles sont difficiles à localiser. Pourtant, ce pourrait être le type d'étoiles le plus fréquent.

EN QUÊTE DE TROUS NOIRS

Comment découvrir des trous noirs s'ils n'émettent aucun rayonnement ? Une méthode consiste à rechercher les trous noirs couplés avec des étoiles normales. La gravité du trou noir arrache du gaz à l'étoile. Le gaz aspiré tourbillonne autour du trou noir, ce qui crée un disque d'accrétion gazeux très chaud, qui émet des rayons X.

Hypergéantes
Quelle est la masse maximale d'une étoile ? L'étoile du Pistolet, proche du centre de la Voie lactée, contiendrait 150 fois plus de matière que le Soleil, ce qui en fait l'une des étoiles les plus massives connues.

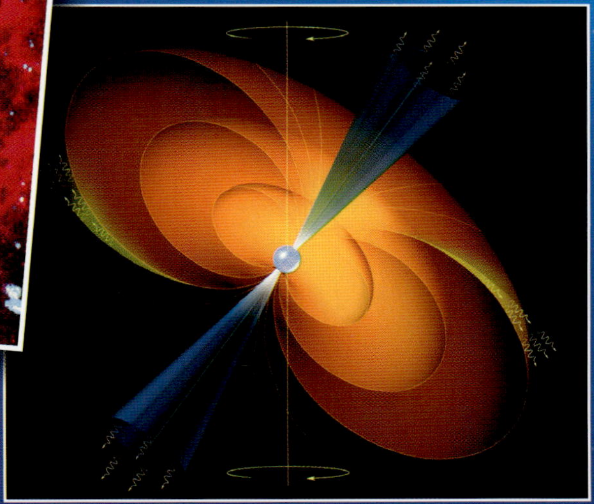

Pulsars
Quelle est la densité maximale d'une étoile ? Les étoiles massives peuvent s'effondrer et réduire leurs atomes à de petites sphères denses de neutrons. En tournant, ces étoiles à neutrons fortement magnétiques émettent des faisceaux d'ondes radio : on parle de pulsars.

Mystérieuse étoile noire
Un mystérieux objet noir éclipse partiellement Epsilon Aurigae, une géante jaune. Ce pourrait être un disque de poussières entourant une étoile chaude et capturant les poussières expulsées par la géante jaune, à mesure que son compagnon tourne autour d'elle.

COMMENT SE FORMENT LES TROUS NOIRS?

SELON LES THÉORIES D'EINSTEIN, tout objet pourvu d'une masse courbe l'espace et le temps. Plus l'objet est massif, plus la déformation est importante. Mais quand les étoiles les plus massives s'effondrent en fin de vie, aucune force n'est assez puissante pour stopper leur effondrement : elles créent un trou dans l'espace-temps dont rien ne peut s'échapper.

ESPACE COURBÉ *Les objets massifs courbent l'espace comme si c'était une feuille de caoutchouc.*

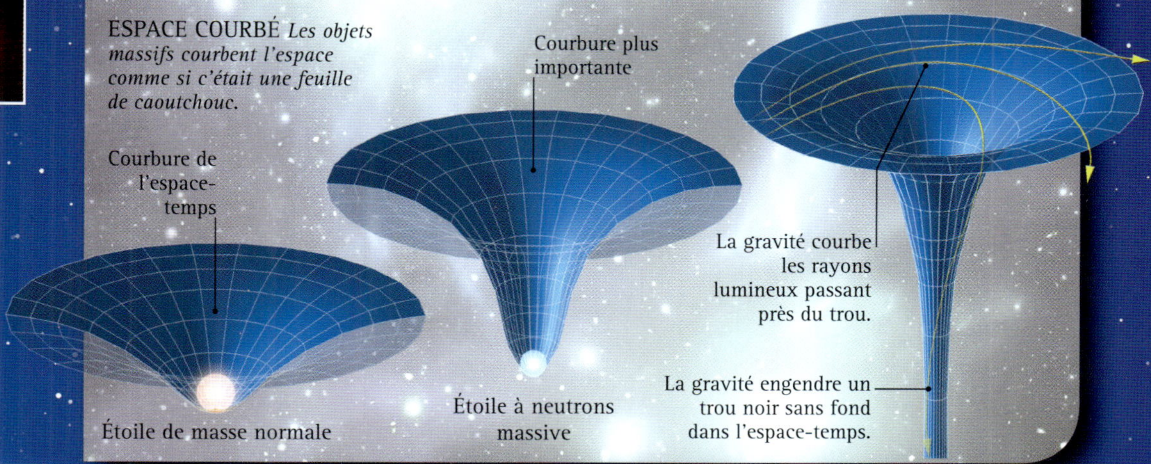

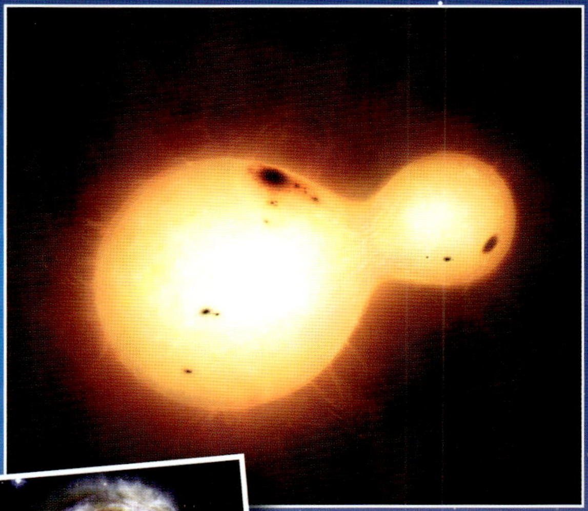

Binaires à contact
Jusqu'à quel point les étoiles peuvent-elles être proches ? Dans certains systèmes binaires, comme W Ursae Majoris, les deux étoiles se touchent. De la matière s'écoule de l'une à l'autre. Ces étoiles sont vouées à fusionner en une grosse étoile, à rotation rapide.

Novae
Comment les étoiles éjectent-elles de la matière ? En 2002, l'étoile vieillissante V838, dans la Licorne, explosait. La lumière émise par cette nova illumina les coquilles de poussières que l'étoile instable avait éjectées dans l'espace lors de sursauts antérieurs.

LIRE LA

CARTE DES ÉTOILES

Pour trouver son chemin sur Terre, on utilise des cartes situant les routes, les villes et d'autres repères géographiques. Il en va de même pour le ciel : les cartes des étoiles indiquent la position des étoiles et d'objets célestes comme les amas, les nébuleuses et les galaxies. Des lignes imaginaires relient certaines étoiles, ce qui rend plus facile l'identification des constellations et la localisation des objets vers lesquels pointer jumelles ou télescopes. Le ciel changeant au fil des saisons, les cartes des étoiles doivent être tournées de sorte qu'elles correspondent au ciel nocturne du mois d'observation.

+ 0	0,1-0,5	0,6-1	1,1-1,5	1,6-2	2,1-2,5	2,6-3	3,1-3,5	3,6-4	4,1-4,5	4,6-5

Légende
Les différents types d'objets portés sur les cartes célestes sont représentés par des symboles. Ici, on peut identifier deux types d'amas stellaires, deux de nébuleuses ainsi que des galaxies situées au-delà de la Voie lactée.

- Amas stellaire ouvert
- Amas stellaire globulaire
- Nébuleuse brillante
- Nébuleuse planétaire
- Galaxie

Magnitude des étoiles
Les étoiles les plus brillantes, de magnitude égale ou inférieure à 0, sont notées par des points plus gros. Les points plus petits indiquent des étoiles plus faibles, d'une magnitude comprise entre 0 et +5, semblables à celles que l'on peut observer dans un ciel modérément sombre.

CIEL DE L'HÉMISPHÈRE NORD

Cette carte indique les étoiles observables, toute l'année, dans le ciel de l'hémisphère Nord et visibles à l'œil nu depuis des continents comme l'Europe ou l'Amérique du Nord. Pour l'utiliser, placez-vous face au Sud en début de soirée, et tournez la carte de sorte que le mois en cours soit en bas.

Voie Lactée
La bande plus claire correspond à la traînée brumeuse de la Voie lactée.

Lignes des constellations
Des lignes imaginaires relient les étoiles pour révéler les contours des constellations familières.

Noms des constellations
Si certaines remontent à l'Antiquité, les constellations australes ont été inventées plus récemment.

Étoile Polaire
La voûte céleste tourne autour de l'étoile Polaire, au centre de la carte.

Écliptique
Cette ligne imaginaire figure la trajectoire du Soleil dans le ciel au cours de l'année.

Étoiles individuelles
Plus le point est gros, plus l'étoile est brillante ; les couleurs des étoiles sont également indiquées.

Objets du ciel profond
Certains amas, nébuleuses et galaxies portent des noms ; d'autres ne sont identifiés que par des lettres et des nombres.

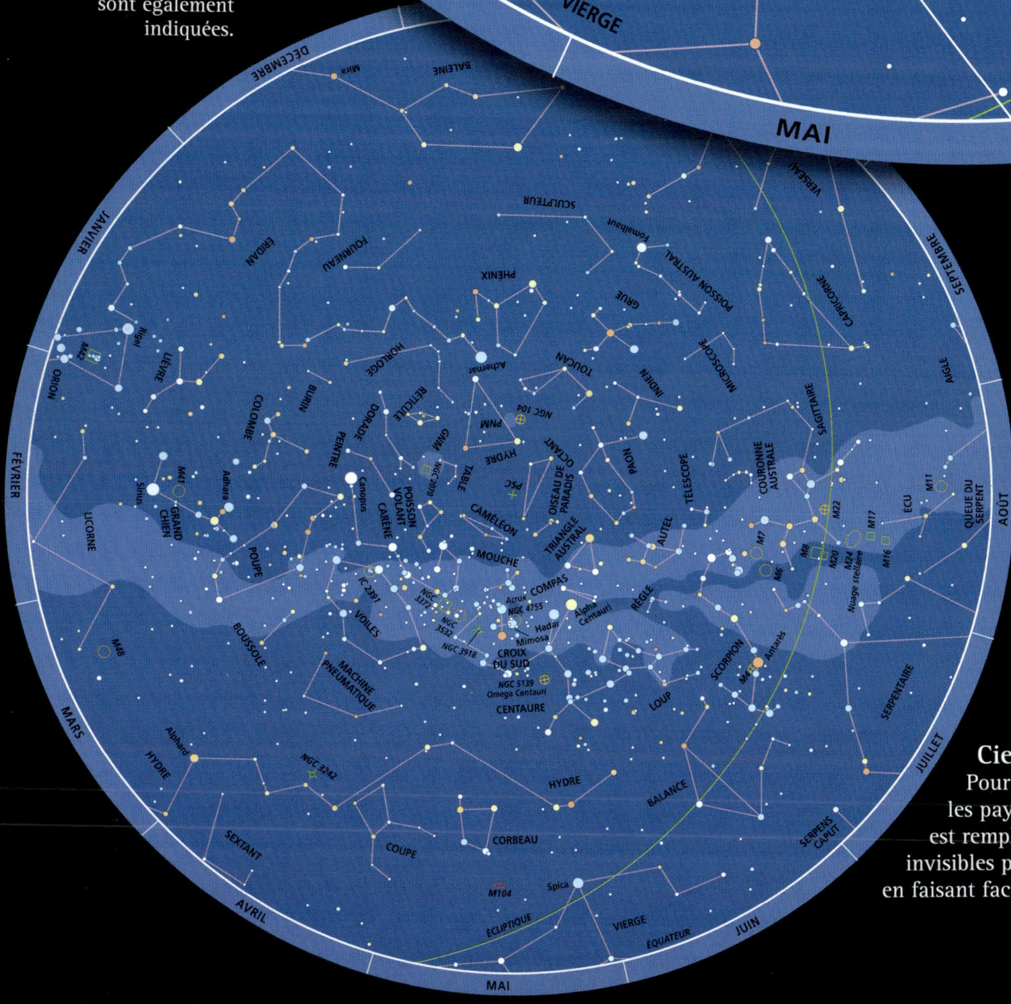

Ciel de l'hémisphère Sud
Pour les observateurs situés dans les pays au sud de l'équateur, le ciel est rempli d'étoiles et de constellations invisibles plus au nord. Cette carte s'utilise en faisant face au Nord.

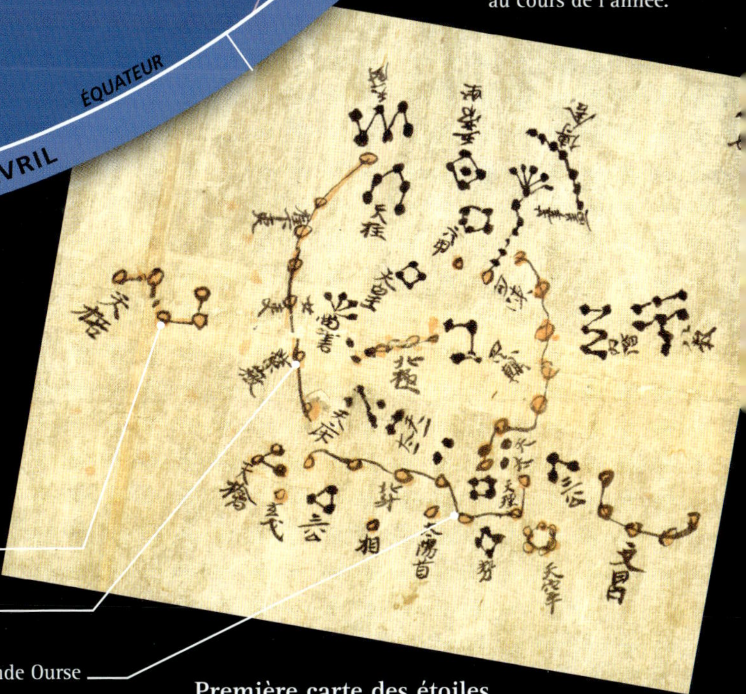

Première carte des étoiles
Cette carte chinoise du ciel de l'hémisphère Nord, datée de 650-680, est la plus ancienne carte des étoiles connue. Dans la tradition chinoise, les étoiles entourant l'étoile Polaire symbolisaient l'empereur, sa famille et le palais impérial.

EN SAVOIR PLUS SUR LES ÉTOILES

Les étoiles brillent partout ! Elles inspirent des titres de films, comme *La Guerre des étoiles*, ou des paroles de chansons. N'appelle-t-on pas une vedette une étoile ou, plutôt, « une star » ? Un satellite de radiocommunications a été baptisé Sirius. Où peut-on encore trouver des étoiles ?

DRAPEAUX ÉTOILÉS

SOUVENT FIGURÉES SUR LES DRAPEAUX, les étoiles peuvent symboliser les États membres, comme sur le drapeau de l'Union européenne, ou une valeur essentielle. Certains drapeaux représentent des étoiles ou des constellations réelles.

BRÉSIL *Les 27 étoiles représentent les États membres de la Fédération du Brésil, mais elles dessinent aussi la véritable carte du ciel de l'hémisphère Sud.*

AUSTRALIE *Sur le drapeau australien, comme sur celui de la Nouvelle-Zélande voisine, figurent les étoiles les plus brillantes de la constellation de la Croix du Sud.*

NUNAVUT *Le drapeau de ce territoire du nord-est du Canada représente Niqirtsuituq, l'étoile Polaire, symbole pour les Inuits de la sagesse des Anciens.*

ALASKA *La Grande Ourse symbolise ici la force de l'animal et l'étoile Polaire l'avenir brillant espéré pour ce territoire américain.*

QUELLE EST LA PLUS GROSSE ÉTOILE ?

SELON CERTAINES MESURES, la plus grosse étoile connue se trouve à 4 900 années-lumière, dans la constellation du Grand Chien. VY Canis Majoris est si énorme que si elle était placée au centre du Système solaire, elle engloutirait toutes les planètes jusqu'à Saturne compris.

HYPERGÉANTE
VY Canis Majoris est classée parmi les hypergéantes rouges, énormes et froides. Sa température n'est que de 3 000 °C.

SOLEIL MINUSCULE
VY Canis Majoris est environ 2 000 fois plus grosse que le Soleil.

ÉTOILES GRECQUES
Vers 135 av. J.-C., l'astronome grec Hipparque compila l'un des premiers catalogues d'étoiles.

QUI NOMMA LES ÉTOILES ?

LES NOMS PAR LESQUELS nous désignons les étoiles sont pour certains d'origine grecque ou latine, à l'exemple de Sirius et de Régulus. Beaucoup, comme Bételgeuse et Aldebaran, sont dérivés de mots arabes qui décrivaient la position de l'étoile dans sa constellation. Ils remontent au Moyen Âge, époque à laquelle les astronomes arabes cartographièrent le ciel.

ÉTOILES ISLAMIQUES
L'astronome perse Azophi publia son atlas des étoiles en 964 apr. J.-C. Ci-contre, l'illustration du Bélier.

TROU NOIR TRAHI *Une image combinée en rayons X et ondes radio révèle d'énormes jets de gaz fusant du trou noir situé au centre de M87.*

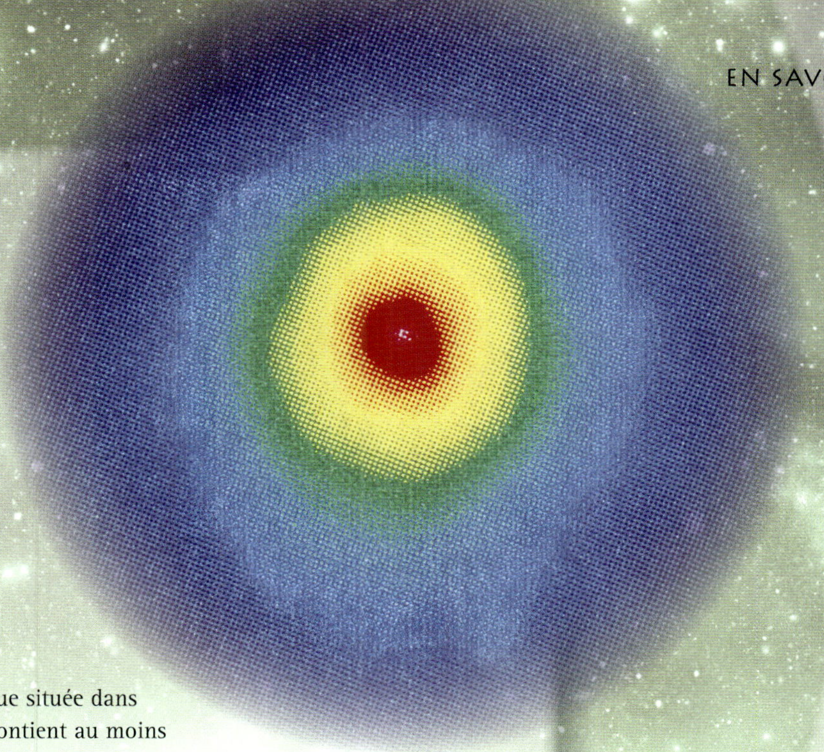

MONSTRE ELLIPTIQUE *Cette image en rayons X révèle que M87 est entourée de gaz chauds, dont la température diminue du rouge au bleu.*

LA GALAXIE LA PLUS MASSIVE

M87, une galaxie géante elliptique située dans la constellation de la Vierge, contient au moins deux mille milliards d'étoiles – cinq à dix fois plus que dans notre galaxie – réparties sur un diamètre pas beaucoup plus grand que celui de la Voie lactée. M87 pourrait être une galaxie cannibale, qui grossit en avalant d'autres galaxies plus petites.

LE SAVIEZ-VOUS ?

Si les étoiles semblent clignoter, c'est parce que les turbulences atmosphériques déforment la lumière qui provient de ces sources lointaines.

La seule organisation habilitée à nommer les étoiles est l'Union astronomique internationale. Vous ne pouvez pas acheter une étoile ni lui donner votre nom !

Le Soleil perdra environ 1/10 000e de sa masse au cours de sa séquence principale, le vent qu'il génère éjectant de la matière solaire dans l'espace.

Même à la vitesse de la fusée la plus puissante, il faudrait 150 000 ans pour atteindre l'étoile la plus proche du Soleil : Proxima Centauri.

Les premières étoiles formées dans l'Univers contenaient peut-être trois cents fois plus de matière que le Soleil : bien plus qu'aucune étoile actuelle.

Même par une nuit très claire, nous ne pouvons pas voir plus de 3 000 étoiles à l'œil nu.

Le Soleil effectue une rotation en 25 jours à l'équateur, mais les régions proches de ses pôles mettent 34 jours pour tourner sur elles-mêmes.

Le Soleil convertit à chaque seconde 4 millions de tonnes de matière en énergie. Il en contient assez pour briller encore plusieurs milliards d'années.

L'hypergéante jaune Rho Cassiopeiae, à 11 000 années-lumière et à peine visible à l'œil nu, a un comportement instable et pourrait bientôt exploser en supernova.

On croit souvent que l'étoile Polaire est la plus brillante du ciel nocturne. En fait, elle ne se classe qu'au 48e rang par son éclat.

~ EN SAVOIR PLUS ~

CHERCHER SUR INTERNET

http://www.esa.int/esaKIDSfr
Pour tout savoir de l'espace et de notre Univers, tout en s'amusant et en découvrant les événements à venir dans notre ciel étoilé.

http://www.cidehom.com
Toute l'actualité de l'astronomie, avec de nombreuses images, une carte du ciel interactive et un dictionnaire de l'astronomie.

http://www.porteauxetoiles.fr
De nombreuses images et vidéos d'actualité et toutes les expositions et manifestations pour les passionnés d'astronomie.

http://www.planete-astronomie.com
Une mine d'information sur le Système solaire, les planètes et l'espace, avec des extraits de films et des documentaires.

http://www.planetarium.montreal.qc.ca/Astro-Jeunes
Une rubrique spéciale pour les jeunes passionnés d'astronomie, qui peuvent y télécharger des fiches d'observation, des cartes du ciel et un bulletin d'information trimestriel.

ÉTOILES FILANTES

CE QUE nous appelons une « étoile filante », ou météore, est en réalité un fragment de comète qui se désintègre en rentrant dans l'atmosphère terrestre. Il arrive, plus rarement, qu'un plus gros morceau d'un astéroïde rocheux parvienne sur Terre : il devient alors une météorite.

PLUIES DE MÉTÉORES *Chaque année, la Terre traverse des nuages de poussières de comètes, ce qui provoque des pluies de météores.*

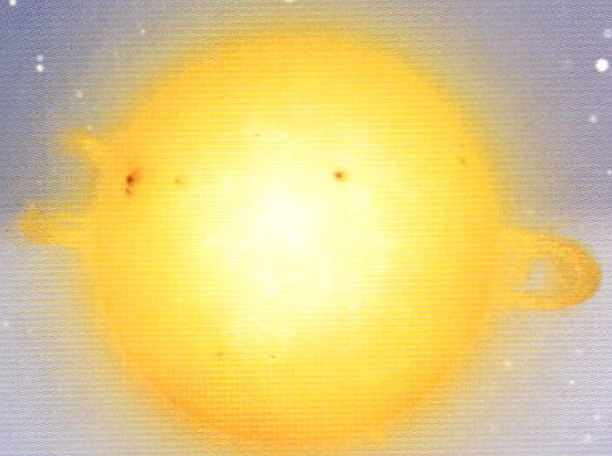

Soleil

GALEX

GLOSSAIRE

AMAS GLOBULAIRE Sphère formée de centaines de milliers de vieilles étoiles, habituellement en orbite autour d'une galaxie.

AMAS OUVERT Regroupement de quelques dizaines à plusieurs centaines d'étoiles, formées simultanément et maintenues par la gravitation.

ANNÉE-LUMIÈRE Distance parcourue par la lumière en un an, égale à près de 10 milliards de kilomètres.

ASTÉROÏDES Petits corps rocheux en orbite autour du Soleil.

ATMOSPHÈRE Couche gazeuse entourant une planète ou une étoile.

ATOME Constituant de base de la matière, formé d'un noyau de protons et de neutrons, autour duquel tourne un nuage d'électrons.

BIG BANG Événement survenu il y a 13,7 milliards d'années, au cours duquel, selon les données scientifiques, toute la matière et l'énergie constituant l'Univers connu a été créée.

CARBONE Quatrième élément le plus abondant dans l'Univers. Un atome de carbone est formé de six protons, six électrons et six ou sept neutrons.

CÉPHÉIDE Étoile géante jaune, dont la taille et l'éclat apparent varient périodiquement.

CŒUR Région centrale d'une étoile où se produit la fusion nucléaire.

CONSTELLATION Figure imaginaire reliant des étoiles et permettant de s'orienter la nuit.

CONVECTION Processus par lequel les gaz chauds montent du cœur d'une étoile vers la surface puis refroidissent et tombent, ce qui crée une circulation en boucle.

COURONNE Région la plus externe de l'atmosphère d'une étoile, de température très élevée. La couronne solaire n'est visible que lors des éclipses totales de Soleil.

CYCLE SOLAIRE Les taches et autres manifestations de l'activité solaire connaissent un maximum d'intensité tous les onze ans environ. Cette période correspond à un cycle solaire.

DÉCALAGE VERS LE ROUGE Allongement de la longueur d'onde de la lumière émise par un objet s'éloignant d'un observateur. La lumière de l'objet apparaît plus rouge à l'observateur.

DENSITÉ La matière formée d'atomes très serrés, à l'exemple des solides, a une densité élevée. Dans les gaz, les atomes sont éloignés les uns des autres et la densité est faible.

DISQUE D'ACCRÉTION Disque de gaz tourbillonnant autour d'un trou noir ou disque de matière formé autour d'une étoile nouvelle.

ÉCLIPSE Événement survenant lorsqu'un objet projette une ombre sur un autre. Quand l'ombre de la Lune est projetée sur la Terre, on observe une éclipse du Soleil.

ÉCLIPTIQUE Cercle marquant dans le ciel la trajectoire du Soleil à travers le zodiaque. Ce mouvement apparent résulte en fait de la révolution de la Terre autour du Soleil.

ESPACE-TEMPS Selon le physicien Albert Einstein, l'espace et le temps sont interdépendants : l'un ne peut exister sans l'autre. Un objet de forte gravité peut courber à la fois l'espace et le temps.

ÉTOILE Boule de plasma, située dans l'espace, émettant de la lumière par fusion de l'hydrogène ou d'autres éléments.

ÉTOILE À NEUTRONS Étoile dense, en rotation rapide, surtout constituée de neutrons, engendrée par certaines explosions de supernovae.

ÉTOILE BINAIRE Système composé de deux étoiles tournant l'une autour de l'autre.

ÉTOILE FILANTE Nom courant du météore : traînée de poussières ou fragments rocheux se consumant dans l'atmosphère terrestre.

FUSION NUCLÉAIRE Soumis, dans le cœur des étoiles, à des pressions et des températures colossales, les atomes se combinent ou fusionnent en éléments plus lourds, comptant plus de protons, ce qui génère de l'énergie.

GALAXIE Vaste ensemble composé en général de milliards d'étoiles liées par la gravité.

GRAVITATION Force d'attraction réciproque s'exerçant entre tout ce qui est constitué de matière. La gravitation maintient les planètes en orbite autour des étoiles, les étoiles en orbite autour du centre des galaxies.

GRAVITÉ Force d'attraction exercée par un corps sur un autre.

GYROSCOPE Appareil tournant très vite, utilisé par les télescopes spatiaux pour se diriger et se positionner.

HÉLIUM Deuxième élément le plus abondant de l'Univers. Un atome d'hélium comporte deux protons pour trois ou quatre neutrons.

HYDROGÈNE Élément le plus abondant dans l'Univers. L'atome d'hydrogène est le plus simple : il est formé d'un proton et d'un électron.

HYPERGÉANTE Étoile géante, rare, dont la masse est de 100 à 150 fois celle du Soleil.

INFRAROUGE Rayonnement de plus grande longueur d'onde que la lumière visible, transmettant habituellement de la chaleur.

INTERSTELLAIRE Désigne tout ce qui existe entre les étoiles.

LONGUEUR D'ONDE Période d'une onde de rayonnement électromagnétique (par exemple la lumière) mesurée par la distance entre le sommet d'une onde et celui de la suivante.

LUMINOSITÉ Quantité totale d'énergie émise chaque seconde par une étoile. La luminosité mesure l'éclat absolu d'une étoile, quelle que soit sa distance avec la Terre et son éclat apparent dans le ciel.

MAGNITUDE APPARENTE Mesure de l'éclat apparent d'une étoile dans le ciel sur une échelle variant de –1,4 (pour Sirius, l'étoile la plus brillante) à +6 (l'étoile la plus faible à l'œil nu).

Radiotélescopes

Swift

MASSE Quantité de matière contenue dans un objet.

MÉTÉORITE Corps rocheux provenant de l'espace, tombé sur Terre après avoir survécu à l'entrée dans l'atmosphère terrestre.

MICRO-ONDES Rayonnement dont la longueur d'onde est supérieure à celle de l'infrarouge mais inférieure à celle des ondes radio.

NAINE Étoile de petite taille. Le Soleil lui-même est classé parmi les naines.

NAINE BLANCHE Étoile dense, rarement plus grosse qu'une planète, correspondant au stade de vie final des étoiles semblables au Soleil.

NAINE BRUNE Objet semblable à une étoile, de masse insuffisante pour générer de l'énergie par fusion mais trop élevée pour une planète.

NÉBULEUSE Nuage interstellaire de gaz et de poussières dans lequel les étoiles se forment.

NÉBULEUSE PLANÉTAIRE Type de nébuleuse prenant forme lorsqu'une étoile semblable au Soleil éjecte ses couches externes en fin de vie.

NEUTRON Particule atomique dépourvue de charge électrique formant habituellement le noyau des atomes, associée avec des protons.

NOVA Étoile brillant soudain plus fort, suite à une explosion mineure, avant de retrouver son éclat habituel.

NOYAU Région centrale dense d'une planète, d'une galaxie ou d'un nuage gazeux.

ORBITE Trajectoire, généralement elliptique, parcourue par un objet autour d'un autre plus massif.

OXYGÈNE Troisième élément le plus abondant dans l'Univers. Un atome d'oxygène est formé de huit protons, huit électrons et huit à dix neutrons.

PARALLAXE Effet par lequel des objets proches semblent se déplacer sur un fond d'objets distants quand la position de l'observateur change.

Observatoire terrestre

PLANÈTE Objet orbitant autour d'une étoile, rendu sphérique par la gravitation et assez massif pour nettoyer sa région spatiale des autres objets plus petits.

PLASMA Gaz très chaud dont les atomes ont été cassés de sorte que les électrons ne tournent plus autour du noyau.

PÔLE CÉLESTE Point de la voûte céleste, dans l'hémisphère Nord ou l'hémisphère Sud, autour duquel le ciel semble tourner à mesure de la rotation terrestre.

POUSSIÈRES Particules de carbone, de silicium et autres matières solides formées dans les étoiles puis expulsées par les étoiles vieillissantes, et qui forment des nuages.

PRESSION Dans les gaz denses, force provoquée par le mouvement des atomes, s'exerçant vers l'extérieur.

PULSAR Étoile à neutrons dont le rayonnement radio, à mesure qu'elle tourne, balaie la Terre sous forme de pulsations.

QUASAR Disque d'accrétion formé autour d'un trou noir massif, émettant d'énormes quantités de rayonnement, ce qui crée un noyau galactique extrêmement brillant.

RAYONNEMENT Énergie émise sous forme d'ondes électromagnétiques.

RAYONS GAMMA Rayonnement de haute énergie et de très courte longueur d'onde, souvent émis par des sources puissantes comme les étoiles qui explosent.

RAYONS X Rayonnement de haute énergie, invisible, de plus courte longueur d'onde que l'ultraviolet, émis par exemple par les quasars.

RÉVOLUTION Mouvement d'une lune autour d'une planète ou d'une planète autour d'une étoile. La période de révolution de la Terre autour du Soleil – de 365 jours – définit l'année.

ROTATION Mouvement d'un objet autour d'un axe qui la traverse. La Terre opère une rotation complète en 24 heures, ce qui définit le jour.

SATELLITE Objet naturel ou artificiel en orbite autour d'une planète.

SÉQUENCE PRINCIPALE Sur un graphique distribuant les étoiles selon leur éclat et leur couleur, bande contenant les étoiles brûlant normalement de l'hydrogène, avant qu'elles se dilatent et deviennent des géantes.

SPECTRE Ensemble des couleurs, allant du rouge au violet, obtenu lorsque la lumière est décomposée.

SPECTROSCOPIE Technique d'analyse du spectre de la lumière émis par un objet dans l'espace, permettant notamment de connaître la composition, la distance et la vitesse de l'objet.

SUPERGÉANTE Étoile dont la masse est dix fois plus grande que celle du Soleil, d'un diamètre pouvant être plusieurs centaines de fois celui du Soleil.

SUPERNOVA Étoile supergéante, massive, soudainement très lumineuse quand elle explose tout entière, en fin de vie.

SYSTÈME SOLAIRE Le Soleil et les planètes, astéroïdes et comètes qui tournent autour de lui.

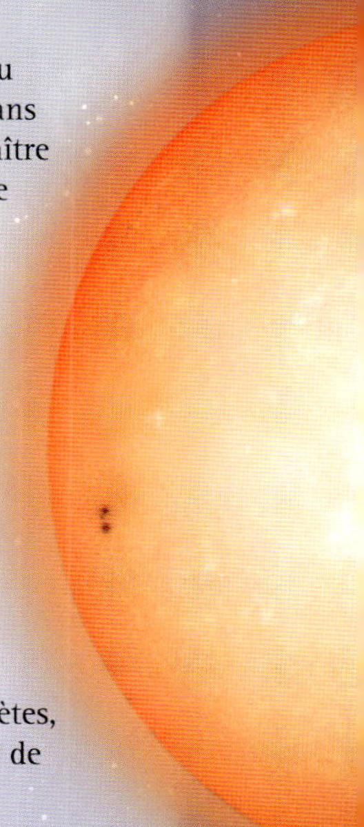

Géante rouge

TACHE SOLAIRE Tache sombre et plus froide se formant à la surface du Soleil lorsque les champs magnétiques piègent du gaz, ralentissant localement la convection.

TRANSIT Passage d'une planète devant le disque du Soleil ou de toute autre étoile.

TROU NOIR Région dont la gravité est si forte qu'il faudrait, pour y échapper, voyager plus vite que la lumière, ce qui est considéré comme impossible.

ULTRAVIOLET Forme invisible de rayonnement dont la longueur d'onde est plus courte que la lumière visible. Souvent abrégé en UV.

ZODIAQUE Bande formée par les douze constellations situées le long de l'écliptique.

Télescope optique

INDEX

CRÉDITS PHOTOGRAPHIQUES

L'éditeur remercie Shan Wolody pour sa contribution et Jo Rudd pour l'index.

Légende : h = haut ; g = gauche ; d = droite ; hg = en haut, à gauche ; hcg = en haut, au centre, à gauche ; hc = en haut, au centre ; hcd = en haut, au centre, à droite ; hd = en haut, à droite ; cg = au centre, à gauche ; c = centre ; cd = au centre, à droite ; b = bas ; bg = en bas, à gauche ; bcg = en bas, au centre, à gauche ; bc = en bas, au centre ; bcd = en bas, au centre, à droite ; bd = en bas, à droite

ILLUSTRATIONS
Couverture : **Mark A. Garlick**
Mark A. Garlick 6-7, 8-13, 16-17, 18-19, 20-21, 22-25, 26-27, 31, 32-33, 34-37, 52-53, 54-55, 56-57, 60 ; **Mark A. Garlick et Peter Bull Art Studio** 40-41 ; **Roger Stewart/KJA-artists** 42-43 ; **Steve Hobbs** 44-45, 46-51
Pop-up : **Mark A. Garlick**

PHOTOGRAPHES
AAO = Anglo-Australian Observatory, AD = Andrew Davies, ALA = Alamy, CBT = Corbis Traditional Licensing, CFA = Harvard Smithsonian Center for Astrophysics, ESO = European Southern Observatory, GC = Granger Collection, iS = istockphoto.com, N = NASA, NLA = National Library of Australia, NOAA = National Oceanic and Atmospheric Administration, NOAO = National Optical Astronomy Observatory, NRAO = National Radio Astronomy Observatory, SH = Shutterstock, TPL = Photolibrary.com, wiki = Public Domain

1c iS ; 2bc, bd iS ; 3hc iS ; 6bg iS ; bc TPL ; 8bg TPL ; 10bd iS ; 11bc TPL ; 12bc iS ; 13bd, hc N ; 14bg iS ; bc N ; 15bc, c N ; cc, cd TPL ; 16cc, hg N ; bg wiki ; 17bc iS ; bc TPL ; 18bc iS ; hg TPL ; 19bd ESO ; 20bd iS ; b, bg, bd N ; 21bc, bd N ; bg TPL ; bg wiki ; 25bd iS ; hd NOAA ; bc, cd TPL ; 26h N ; hg TPL ; 27bc iS ; 28b ESO ; bg NOAO ; 29bc iS ; hc TPL ; 30b AAO ; bd, hg N ; 31cd iS ; bc, hg N ; 32bg AD ; 33bd N ; 34cg, hg, hg TPL ; 35bc iS ; 36bc N ; 37cd N ; 38hd CBT ; cc iS ; bd, cg TPL ; 39cd, hg CBT ; bc, bc, c iS ; bg, bd TPL ; 41bc iS ; 42hg GC ; 43bg NLA ; cd wiki ; 44hd CBT ; hd iS ; bg, c TPL ; 45cd NRAO ; hc TPL ; 46cg iS ; bd, cg N ; 47hc, hd N ; 49hc N ; 50c N ; 51bg iS ; bc, c, cd, hc, hd N ; 52c iS ; 53bd, c iS ; c, cg TPL ; 54bg TPL ; 55hd iS ; bd TPL ; 57hc ALA ; 58bg ALA ; cg, c iS ; bd SH ; 60bg CBT ; h CFA ; cd iS ; b, bd, cg, cd TPL ; 61bc CBT ; bg, c iS ; hg N